PAULO MOTA

TÓPICOS DE MECÂNICA DOS SOLOS

2ª edição

Dados Internacionais de Catalogação na Publicação (CIP)
(Câmara Brasileira do Livro, SP, Brasil)

Mota, Paulo
Tópicos de mecânica dos solos / Paulo Mota. -- 2. ed. -- Manaus, AM : Ed. do Autor, 2022.

Bibliografia.
ISBN 978-65-00-17433-5

1. Geologia de engenharia 2. Geotecnia 3. Mecânica do solo I. Título.

22-121498 CDD-624.15136

Índices para catálogo sistemático:

1. Engenharia geotécnica 624.15136

Eliete Marques da Silva - Bibliotecária - CRB-8/9380

A meu pai Lely Ferreira Mota e minha mãe Maria Ferreira da Silva

Paulo Mota

O professor é graduado em Geologia e Mestre em Geociências pela Universidade Federal do Amazonas (UFAM). Possui experiência profissional com mineralogia e geoquímica de solos lateríticos, petrografia e sedimentologia de arenitos, geotecnia, prospecção mineral, perfilagem de poços de petróleo e análise geológica ambiental. Na área acadêmica trabalhou como professor das disciplinas Geologia Econômica, Mecânica dos Solos, Geoprocessamento, Geologia do Petróleo e Topografia.

pmota.geologia@gmail.com
https://br.linkedin.com/in/paulo-mota-88a24aba
http://lattes.cnpq.br/8973631750212233

Prefácio

O estudo dos solos sempre foi um grande desafio para solução de problemas relacionados a estabilidade de encostas, fundações de prédios, pontes, obras de terra em geral, projetos urbanos e agricultura. Na busca de soluções para estes desafios, ao longo do tempo surgiram diversos personagens importantes que, com seus estudos científicos e tecnologias desenvolvidas, contribuíram para o surgimento da ciência conhecida como Mecânica dos Solos.

Entre as contribuições para o conhecimento do comportamento físico do solo destacam-se Albert Atterberg, Karl von Terzaghi, Arthur Casagrande, Henry Darcy, entre outros de diversas áreas como química, física, geologia, engenharia civil que promoveram as bases fundamentais para esta ciência. Atterberg com seu método para identificar mudanças do estado físico do solo, um estudo que foi aprimorado mais tarde por Arthur Casagrande com a criação de novos equipamentos. Terzaghi, conhecido como Pai da Mecânica dos Solos, foi um dos primeiros a organizar e publicar livros sobre o assunto, representado pela sua publicação histórica, *Erdbaumechanik auf Bodenphysikalischer Grundlage (The Mechanics of Earth Construction Based on Soil Physics)*. Henry Darcy com sua contribuição para estudos de permeabilidade resumida na equação Lei de Darcy e seus diversos experimentos, os quais são aplicados, além de solos, em diversas áreas. Podemos citar também Charles-Augustin de Coulomb e Christian Otto Mohr que, através de suas experiências com resistência dos materiais, permitiram a criação de gráficos que facilitam a interpretação sobre a resistência dos solos.

Portanto, podemos compreender que a Mecânica dos Solos é um conjunto de ciências aplicadas a compreensão do comportamento de um material heterogêneo. Apresentando grandes desafios, pela variação dos tipos de materiais componentes do solo. Os quais são representados pela água e sedimentos minerais e orgânicos. Destes o estudo sobre a composição mineral é fundamental pois os mesmos reagem de maneiras diferentes em contato com a água, especialmente as argilas. Semelhante a importância da matéria orgânica que modifica a plasticidade do solo de acordo com sua porcentagem presente. Também é levado em consideração porosidade, plasticidade, umidade, camadas ou horizontes dos solos.

A Mecânica dos Solos produz conhecimento que pode ser utilizado principalmente pela Engenharia Geotécnica, Engenharia de Minas, Geologia, Engenharia Civil, Geologia de Engenharia, Urbanismo a áreas afins. Sua aplicação direta é observada no estudo para fundações de prédios, pontes, estruturas de contenção, estabilidade de taludes, escorregamentos e movimentos de massa em geral, mapas de risco urbanos, frentes de lavra mineral, construções de rodovias, etc.

Assim, baseado na compreensão sobre a importância desta área para a formação de novos profissionais e sua influência em nossa sociedade é que foi elaborado o presente livro. Um apanhado de conceitos e tecnologias básicas somadas a exemplos de experiências em laboratórios e trabalhos de campo. Sempre com o pensamento de que este trabalho seja uma das contribuições para formação do profissional e possa ser utilizado como ferramenta nos serviços de estudos de solos em geral. Desta forma finalizo este pequeno prefácio sobre a obra desejando a todos bons estudos.

SUMÁRIO

1.INTEMPERISMO E ORIGEM DOS SOLOS

Os solos são formados através de alterações intempéricas de rochas próximas ou na superfície terrestre. São mudanças físico-químicas que afetam os minerais formadores das rochas através da ação de agentes naturais como radiação solar, vento, chuva, neve, tectonismo, entre outros fatores. Onde a intensidade do intemperismo apresenta aspectos distintos em relação ao clima de cada região e o substrato rochoso.

Estas alterações na rocha são classificadas, de acordo com sua intensidade, em intemperismo físico e intemperismo químico. O tipo físico caracteriza-se por alterações relacionadas a fragmentação da rocha por diversos fatores, sendo predominante em regiões de clima árido e semiárido. Enquanto o intemperismo químico predomina em regiões de clima equatorial, especialmente com alta taxa de umidade (Teixeira *et al.*, 2009, Press *et al.*, 2006).

1.1. Rochas

As rochas são classificadas em sedimentares, ígneas e metamórficas. As sedimentares são produtos de consolidação de sedimentos transportados, soterrados e compactados através de sobrecarga e modificações físico-químicas internas conhecida como diagênese (figura 1.1.1). São compostas por sedimentos clásticos como areia, silte, argila, seixo e matéria orgânica, formando rochas como arenitos, argilitos, folhelhos e conglomerados (figura 1.1.2). Ou por sedimentos clasto-químicos formando rochas carbonáticas (calcários e dolomitos) e evaporitos (depósitos salinos compostos principalmente por gipsita e halita). Os sedimentos empilhados em camadas são submetidos ao aumento da sobrecarga causando acréscimo de pressão e temperatura, provocando ajuste no empacotamento dos grãos. Associado a isto ocorre corrosão de alguns grãos minerais por reação com os fluidos que atravessam a porosidade, assim como cristalização de cimento de sílica e calcita. Esta cimentação é provocada pela saturação de íons dissolvidos na água intersticial que combinam-se quimicamente cristalizando novos minerais, fechando a porosidade e aumentando a solidificação da rocha sedimentar (figura 1.1.3).

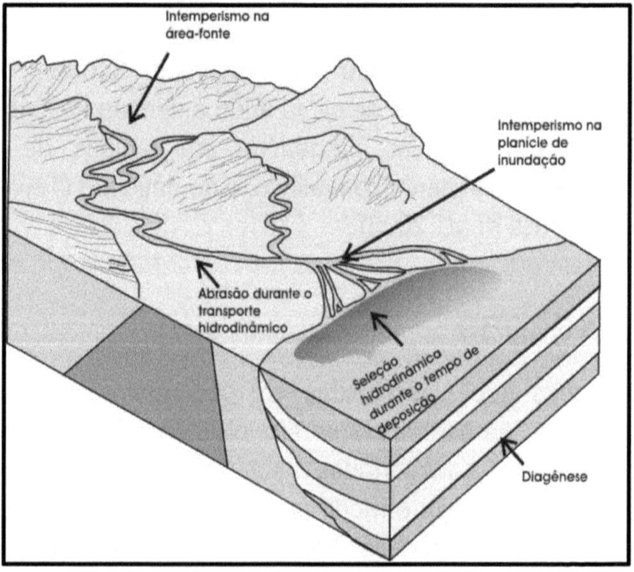

Figura 1.1.1. Representação dos processos que envolvem a formação de rochas sedimentares. Modificado de Morton & Hallsworth, 1999.

Figura 1.1.2. Camadas de arenitos do Supergrupo Roraima, Paleoproterozoico. Norte do estado de Roraima. Fonte: próprio autor.

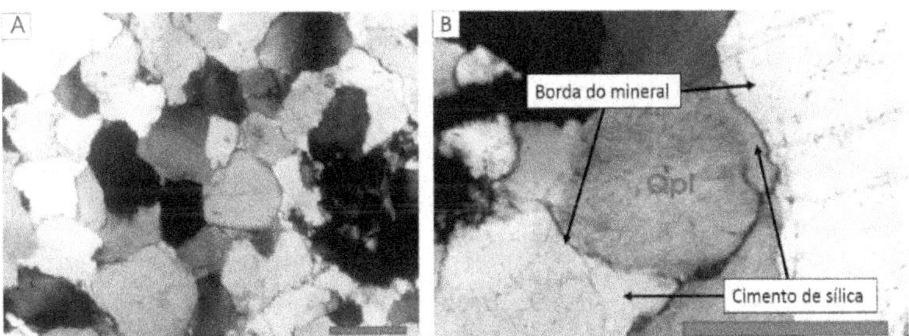

Figura 1.1.3. Componentes minerais de um arenito visto em microscópio petrográfico. A – grãos formados por minerais de quartzo subarredondados unidos por cimento de sílica. B – detalhe mostrando o cimento de sílica entre os grãos de quartzo, notar a borda dos grãos identificados pelas setas. Escala = 0,25 mm. Fonte: próprio autor.

Rochas ígneas formam-se pela solidificação do magma sendo denominadas plutônicas as consolidadas abaixo da superfície e vulcânicas as formadas pelo extravasamento do magma em eventos vulcânicos. As plutônicas formam granito, gabro, sienito, diorito, peridotito e tonalito entre outras (figuras 1.1.4 e 1.1.5). Possuem granulação variando de fina a grossa com minerais bem cristalizados e geralmente reconhecidos de forma macroscópica. Enquanto que as rochas vulcânicas podem ser exemplificadas de acordo com sua composição química como basalto (básica), riolito (ácida) e as intermediárias andesito, dacito e traquito. Possuindo granulação muito fina com grande quantidade de vidro, fenocristais e clastos de outras rochas. Resultado de fluxos piroclásticos, bombas e cinzas que acompanham o vulcanismo durante seu processo de formação (figuras 1.1.6 e 1.1.7).

Figura 1.1.4. A – afloramento de rochas graníticas no município de Presidente Figueiredo. B – amostra de granito. Fonte: próprio autor.

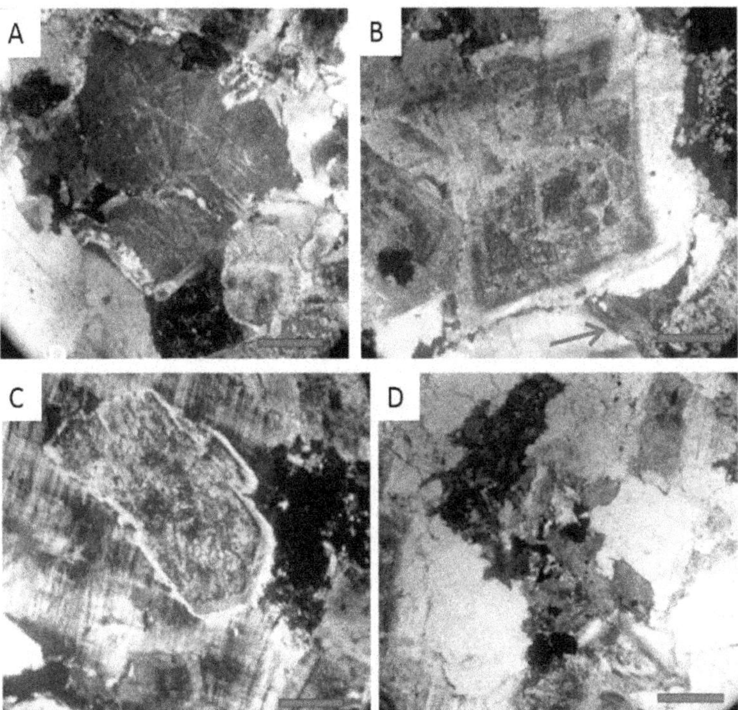

Figura 1.1.5. Minerais de granito vistos em microscópio petrográfico. A - feldspato com intercrescimentos minerais indicados pelas setas vermelhas. B – plagioclásio ao centro em contato com titanita abaixo indicada pela seta vermelha. C – mineral plagioclásio envolto por feldspato potássico. D – mineral hornblenda verde ao centro. Escala = 1 mm. Fonte: próprio autor.

Figura 1.1.6. Rocha vulcânicas apresentando estruturas de fluxo na forma de estratificações. Rochas do Grupo Iricoumé, Paleoproterozoico do Craton Amazônico. Região de Presidente Figueiredo, Amazonas. Fonte: próprio autor.

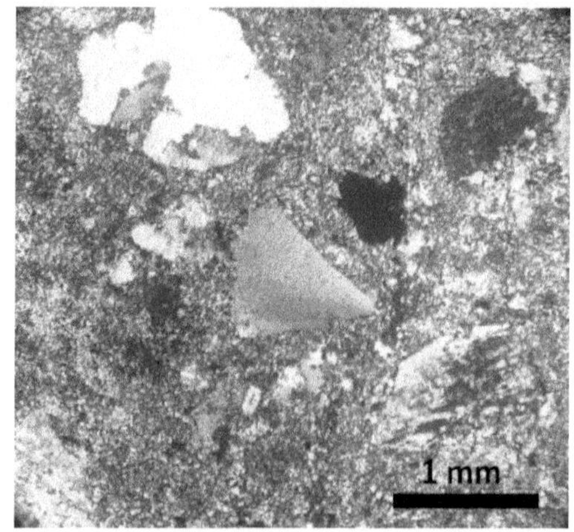

Figura 1.1.7. Textura interna de rocha vulcânica do tipo riolito, apresentando fenocristais de quartzo e um feldspato abaixo a direita

envoltos na matriz afanítica. Imagem da rocha em microscópio petrográfico. Fonte: próprio autor.

Metamórficas são rochas formadas através da deformação de rochas pré-existentes. A rocha original (protólito) é submetida a altas pressões e temperaturas causando a recristalização de minerais e originando rochas como filito, ardósia, xisto, gnaisse e migmatito (figura 1.1.8). Os eventos que causam o metamorfismo nas rochas são movimentos tectônicos em contatos de placas formando cinturões orogênicos, falhas geológicas, também em contato da rocha com o magma e impactos de meteoros. Altas pressões causam deformações de caráter rúptil quando a rocha encontra-se na superfície e deformações de caráter dúctil quando ocorrer em grandes profundidades da crosta. As deformações rúpteis são representadas por falhas geológicas e as dúcteis são dobras e outras deformações plásticas.

Estas rochas, assim como as rochas ígneas, de acordo com sua aparência estética e resistência mecânica são bastante utilizadas como material de construção na forma de revestimento. Consistindo matéria prima do setor de rochas ornamentais, um mercado bastante ativo na região do estado de Espirito Santo.

Figura 1.1.8. A - Afloramento de rochas metamórficas município de Cantá, Roraima. B – detalhe da textura da rocha metamórfica. Notar os minerais orientados ocasionados pelo aumento de pressão e temperatura. Fonte: próprio autor.

1.2. Intemperismo físico

Em ambientes de clima árido a radiação solar, predominante para alteração das rochas, ocorre em variações diárias causando dilatação e expansão dos minerais e consequentemente fragmentação das formações rochosas (figura 1.2.1). São variações que podem chegar a 40° C durante o dia e cair para 0° C a noite como ocorre em regiões desérticas. Variações altas ocorridas pela baixa umidade do ar que não consegue manter a temperatura alcançada durante o dia.

Figura 1.2.1. Superfície exposta de granito apresentando processo de fragmentação por intemperismo. Granito da Suíte Intrusiva Água, Proterozoico do Cráton Amazônico. Presidente Figueiredo, Amazonas. Fonte: Próprio autor.

Outros tipos de alterações físicas ocorrem através de fraturamento das rochas resultante de movimentos tectônicos (figura 1.2.2). Associados, com alargamento destas fraturas através de diferentes formas como congelamento de água, crescimento de raízes e cristalização de minerais.

Regiões de clima frio polar e de montanha, com o congelamento da água nas fraturas das rochas, promovem o alargamento das fraturas através da expansão da água durante congelamento. Os vegetais promovem o alargamento de fraturas por ação do crescimento de raízes. A cristalização de minerais em fissuras e fraturas, especialmente cloretos, sulfatos e carbonatos, também produz o mesmo efeito expansivo.

Figura 1.2.2. Rocha vulcânica com fraturamento produzido por movimentos tectônicos. Rochas vulcânicas do Grupo Iricoumé. Presidente Figueiredo, Amazonas. Fonte: Próprio autor.

1.3. Intemperismo químico

Este tipo de intemperismo é caracterizado pela reação química dos minerais com a água ou outros solutos fluidos percolantes em solos e rochas. A água em contato com a superfície terrestre muitas vezes ganha alterações químicas tornando-se mais ácida ou alcalina. Como podemos ver na reação com dióxido de carbono formando ácido carbônico:

$CO_2 + H_2O \rightarrow H_2CO_3$

As reações da água com os minerais apresentam-se nas formas de hidratação, dissolução, hidrólise, acidólise e oxidação. A **hidratação** é causada pela entrada de molécula de água na estrutura do mineral, como podemos exemplificar pela transformação de anidrita em gipso:

$CaSO_4 + 2H_2O \rightarrow CaSO_4.2H_2O$

A **dissolução** ocorre especialmente na reação da água com carbonatos, cloretos e outros minerais onde ocorre a solubilização completa. Este tipo de reação é responsável pela formação de dolinas e cavernas, geralmente desenvolvidas em terrenos formados por calcários, mas também são encontradas em arenitos pela dissolução do quartzo. Este mineral apesar de ser um mineral resistente ao intemperismo por apresentar lenta reação com a água, sua reação é a dissolução (figura 1.3.1). Efeito que provoca aumento de porosidade na rocha, chegando a formar cavernas em arenitos como as que são encontradas na região do município de Presidente Figueiredo, Amazonas (figura 1.3.2). Todavia, os carbonatos, por apresentarem dissolução mais rápida são as rochas mais afetadas. Abaixo temos os exemplos de dissolução que ocorrem nos minerais calcita e halita em contato com a água:

$CaCO_3 \rightarrow Ca^{2+} + CO_3^{2-}$

$NaCl \rightarrow Na^{+} + Cl^{-}$

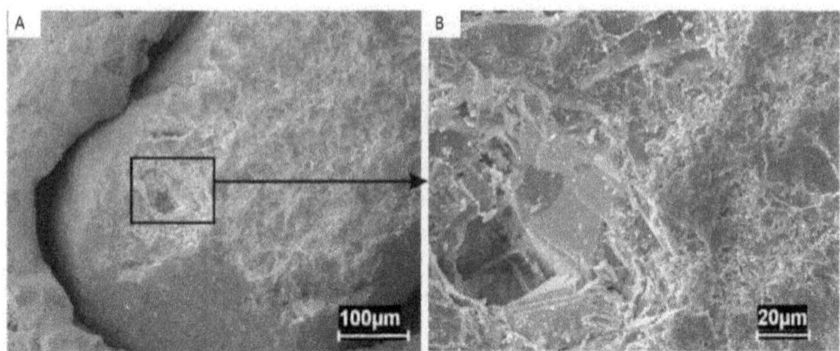

Figura 1.3.1. A - grão de quartzo corroído por reação com fluidos do solo. B - detalhe da corrosão desenvolvida na superfície do mineral. Imagem em Microscópio Eletrônico de Varredura. Fonte: Silva, 2009.

Figura 1.3.2. Caverna desenvolvida pela dissolução de quartzo. Município de Presidente Figueiredo, Amazonas. Fonte: Rocha, 2020.

Os maiores minerais formadores de rochas, os silicatos, quando em contato com a água passam por alteração conhecida como **hidrólise**. O íon H^+ entra na estrutura dos minerais, deslocando principalmente cátions alcalinos e alcalinos terrosos que são liberados para a solução. Neste processo, elementos como Si e Al, podem recombinar-se com outros elementos resultando em novos minerais. Como é o caso do feldspato que durante alterações químicas de intemperismo resulta na formação de argilominerais. A seguir um exemplo de reação da água com o feldspato para a formação caulinita:

$$2KAlSi_3O_8 + 11H_2O \rightarrow Si_2Al_2O_5(OH)_4 + 4H_4SiO_4 + 2K^+ + 2OH^-$$

Outro processo muito comum é a **oxidação** que ocorre em minerais contendo principalmente Fe, Mn e S na sua composição química. Estes elementos reagem com o oxigênio dissolvido na água. O Fe^{2+}, por exemplo, presente em minerais como biotita, pirita, hornblenda e olivina, é alterado para compostos com F^{3+}. Apresentando como resultado tons avermelhados e amarelados na superfície de alteração da rocha. Este processo cria novos minerais durante o intemperismo como a goethita.

1.4. Formação de solos

O resultado das alterações de intemperismo em rochas é a formação de solos (figura 1.4.1). Onde aquele que se encontra desenvolvido no local de alteração são os solos residuais. Outros tipos de solos formados pelo deslocamento do material por processo de erosão são solos transportados.

Em **solos residuais** são desenvolvidos perfis que mudam de horizontes da superfície até a rocha-mãe abaixo. Estes apresentam diferentes aspectos e profundidades dependendo da região e do clima predominante (Costa, 1991; Horbe e Costa,

1997; Teixeira *et al.*, 2009). Os solos desenvolvidos em regiões áridas apresentam pouca profundidade, resultado da pouca presença de água para reações químicas, estando em contato com a rocha a poucos centímetros de profundidade. Nestes locais eles possuem em sua composição, além dos minerais formados pelo intemperismo, uma grande quantidade de feldspato e outros minerais da rocha-mãe.

Os desenvolvidos em climas temperados apresentam maior profundidade que o anterior podendo chegar a, aproximadamente, 2 metros. Onde este desenvolvimento depende também do tipo de rocha exposta. A qual permite a origem de solos argilosos e arenosos dependendo de sua composição mineral.

Regiões de clima quente e úmido promovem um tipo de intemperismo mais rápido e mais intenso desenvolvendo solos profundos. A combinação de altas temperaturas, vegetação e grande presença de água no sistema acelera as alterações físico-químicas nas rochas e consequentemente a formação de solos. As reações desenvolvem-se a ponto de formarem concreções ferruginosas e aluminosas pelo acúmulo de óxidos de ferro e alumínio resultantes da lixiviação de outros elementos químicos (figura 1.4.1). Concreções conhecidas como lateritos, muito comuns na região amazônica (figura 1.4.2).

Figura 1.4.1. Aspecto de solo residual com horizonte avermelhado inferior por concreções ferruginosas. Afloramento no município de Iranduba, Amazonas. Fonte: Próprio autor.

Figura 1.4.2. Fragmento de laterito encontrado em solo residual. AM-070 entre Iranduba e Manacapuru. Fonte: próprio autor.

O material de solo ou produtos de alteração intempérica removido por processos erosivos forma tipos de solos denominados transportados, os quais são representados pelos depósitos de sedimentos em **colúvios** e **aluviões**. O solo desenvolvido em colúvio ocorre geralmente próximo a área fonte erodida, acumulando-se na encosta de serra ou de qualquer relevo mais íngreme. Com relação ao tamanho das partículas é mal selecionado composto por fragmentos de rocha misturado com seixo, areia e argila. Apresenta baixa compactação e coesão, não sendo aconselhável para fixação de fundações em trabalhos de engenharia.

Solos desenvolvidos na forma de aluviões são compostos por areia, argila e seixos, muitas vezes com presença de matéria orgânica, dependendo da região. Formam-se ao longo de rios e em depósitos sedimentares de deltas. Apresentam compactação natural relativamente maior que o colúvio, todavia, ambos são utilizados muito mais como material de construção em obras de construção civil.

1.5. Componentes minerais

Os solos são compostos por minerais da rocha que resistiram ao intemperismo e aqueles formados durante as alterações (figura 1.5.1). Isto se deve ao tipo de rocha da região e o tipo de clima predominante durante o intemperismo. Solos de regiões áridas e semiáridas guardam minerais da rocha como quartzo, feldspatos, hematita, ilmenita, micas, piroxênios e anfibólios entre outros, enquanto em regiões de clima quente e úmido predominam quartzo e hematita. Os minerais formados em intemperismo são, principalmente, argilominerais como esmectita, ilita e caulinita, seguidos de óxidos e hidróxidos de ferro e alumínio como goethita e gibsita (figura 1.5.2).

Destes minerais formados, destacam-se os argilominerais, os quais apresentam importância significativa em trabalhos de geotecnia. Pois apresentam reações diferentes em contato com a água, especialmente com relação a expansividade e plasticidade.

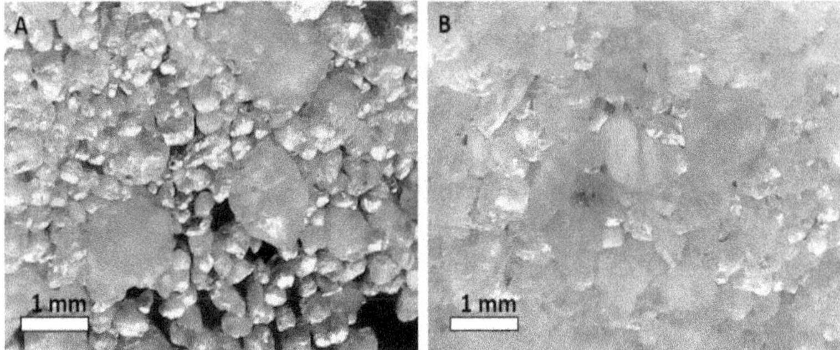

Figura 1.5.1. A - grãos minerais formados por minerais de quartzo. B - grão mineral de feldspato de cor amarelo-claro em meio a grãos de quartzo. Amostras de solos arenosos da Formação Alter do Chão, Cretáceo da Bacia do Amazonas. Fonte: Próprio autor.

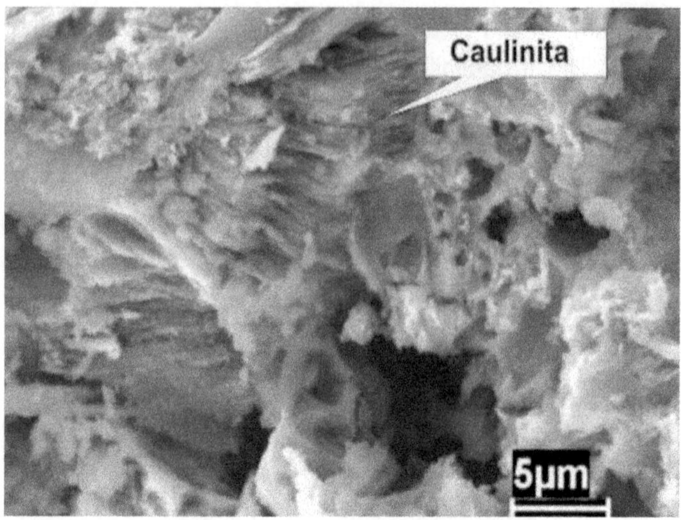

Figura 1.5.2. Detalhes de caulinita em análise com Microscopia Eletrônica de Varredura. Amostras de solos residuais da Bacia Alto Tapajós, sul do Amazonas. Fonte: Silva, 2009.

Isto se deve ao arranjo da estrutura atômica desses filossilicatos, apresentando distâncias interatômicas variadas entre as camadas estruturais. Sendo maiores em esmectitas permitindo a entrada de moléculas de água e outros íons, e distâncias menores em caulinita, a qual é considerada estável em contato com a água. A identificação de argilominerais é possível através de aparelhos de difração de raio-x e microscópio eletrônico de varredura (figuras 1.5.2 e 1.5.3).

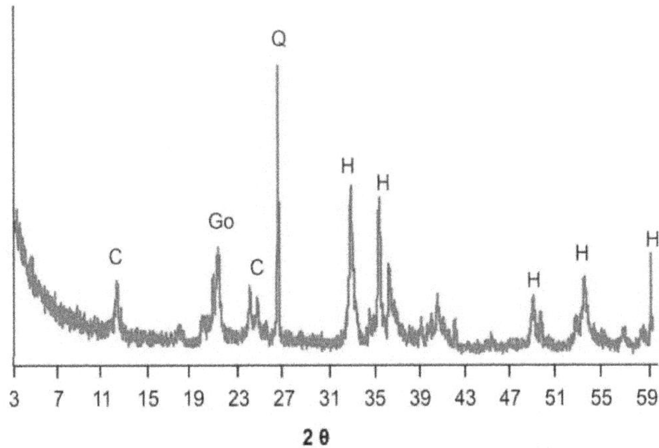

Figura 1.5.3. Identificação de minerais por difração de raio-x. C – caulinita, Go - goethita, Q – quartzo, H – hematita. Fonte: próprio autor.

Estas qualidades diferentes entre as argilas se devem a sua estrutura cristalina e, consequentemente, isto é refletido ao comportamento físico-químico do solo. Desta maneira as argilas são separadas em dois grupos: argilas 2:1 e argilas 1:1. Correspondendo a relação entre tetraedros de silício e octaedros de alumínio, elementos fundamentais destes filossilicatos hidratados de alumínio.

Em análise mineralógica, argilas correspondem aos chamados argilominerais, os quais são formados por conjunto de elementos químicos dispostos em camadas. Os elementos formadores dos minerais silicatados tem como base o tetraedro de silício que é a ligação atômica entre um silício e quatro oxigênios. Nos argilominerais estes tetraedros estão associados com octaedros de alumínio que é a ligação de um átomo de alumínio com seis oxigênios.

A caulinita ($Al_2Si_2O_5(OH)_4$), por exemplo, é um mineral 1:1 significando que uma camada de tetraedro de silício está ligada a uma camada de octaedro de alumínio (figura 1.5.4). Com distância interatômica aproximada de 7,3 Å, este mineral não permite a entrada de cátions e água na sua estrutura.

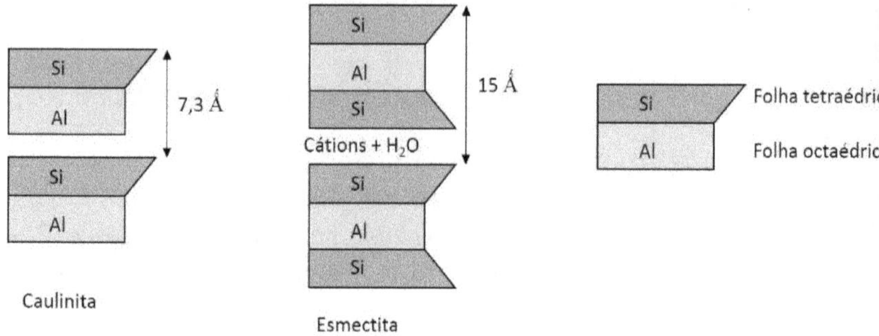

Figura 1.5.4. Representação típica da estrutura de argilominerais. Estrutura da caulinita e estrutura da esmectita/ montmorilonita. Fonte: próprio autor.

No entanto, outro argilomineral comum, a esmectita, possui a camada de octaedro de alumínio ligada a duas de tetraedros, chamada assim de argila 2:1 (figura 1.5.4). Este, diferente do mineral anterior, possui distância aproximada de 15 Å entre as camadas, o que permite a entrada de cátions de Na e K, assim como moléculas de água em sua estrutura. O que torna solos argilosos compostos principalmente por argilas do grupo da esmectita mais expansivos e com índice de plasticidade maior.

Desta maneira, estas diferenças estruturais em argilominerais influenciam na plasticidade, reação com cátions, absorção de água e grau de expansão de solos. Aspectos que devem ser levados em consideração por terem capacidade de causar grandes impactos em trabalhos de compactação de solos, pavimentações e estabilidade de taludes, entre outros. Os métodos de investigação de solos como limites de consistência, ensaios de cone de penetração, CBR entre outros fornecem boas informações sobre solos argilosos, muitas vezes correlacionados com tipos de argilas classificadas.

1.5. Questões

1. Quais os fatores naturais que controlam o tipo de intemperismo em uma determinada região?
2. Como o intemperismo químico ocorre durante a alteração da composição mineral das rochas?
3. Quais os aspectos importantes dos solos da Amazônia resultante do intemperismo regional?
4. Como as argilas encontram-se relacionadas com processos de intemperismo e formação de solos?
5. Quais os fatores que controlam a formação de solos lateríticos?
6. Em uma determinada região onde a geologia é representada por granitos, quais os tipos de solos residuais que podem ser encontrados?
7. Quais os efeitos importantes em solos para trabalhos de engenharia de acordo com o conteúdo de argila. Discuta apresentando um solo composto por caulinita e outro por esmectita.
8. Em um determinado solo precisamos identificar o conteúdo de argilominerais. Como podemos realizar este procedimento?
9. Quais os parâmetros importantes para engenharia estão relacionados com o conteúdo de solos argilosos?
10. Em uma determina região de clima temperado, quais os aspectos comuns em solos que podem ser encontrados?

2. ÍNDICES FÍSICOS

Solos são compostos principalmente por grãos minerais, alguma porção de matéria orgânica e espaço poroso preenchido por gases e água. Observando que o espaço poroso aqui será identificado como "vazio" de acordo com a nomenclatura utilizada pela mecânica dos solos. Estes componentes sólidos (minerais) encontram-se distribuídos com diferentes formas de empacotamento e de seleção. Podendo apresentar-se com empacotamento cúbico ou romboédrico, com seleção de partículas variando de muito mal selecionado a bem selecionado e formas dos grãos variando de acordo com a esfericidade e arredondamento. Esta descrição morfológica e seleção dos grãos pode ser realizada através de análise microscópica com auxílio de manuais de sedimentologia (figuras 2.1, 2.2 e 2.3). Observando que esta descrição de seleção deve ser completada com análise granulométrica de solos.

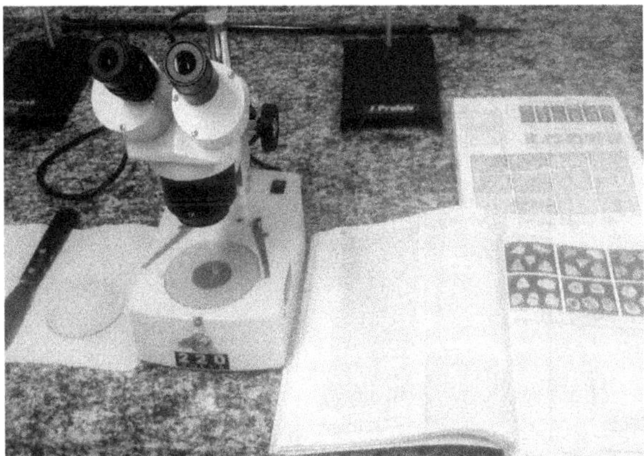

Figura 2.1. Lupa binocular e manual para descrição microscópica de solos. Fonte: próprio autor.

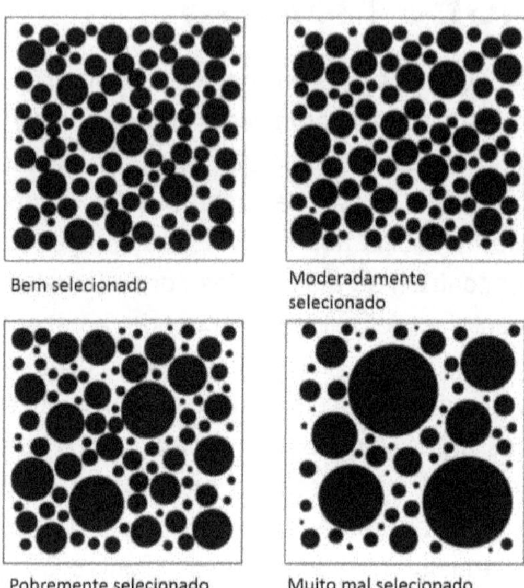

Figura 2.2. Carta para descrição visual de seleção dos grãos. Fonte: Nichols, 2009.

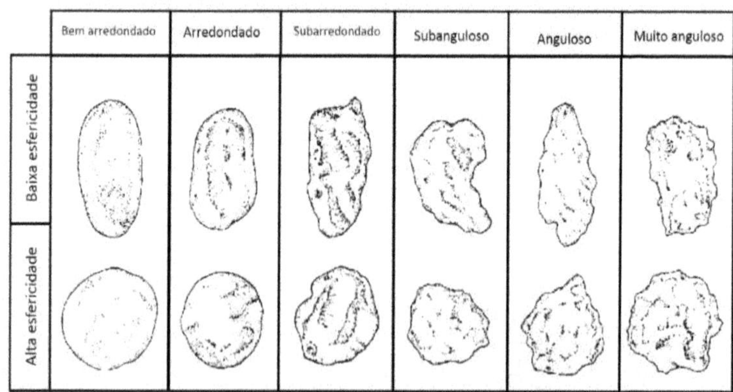

Figura 2.3. Carta para descrição de arredondamento e esfericidade de grãos minerais. Fonte: Modificado de Pettijohn *et al.*, 1987.

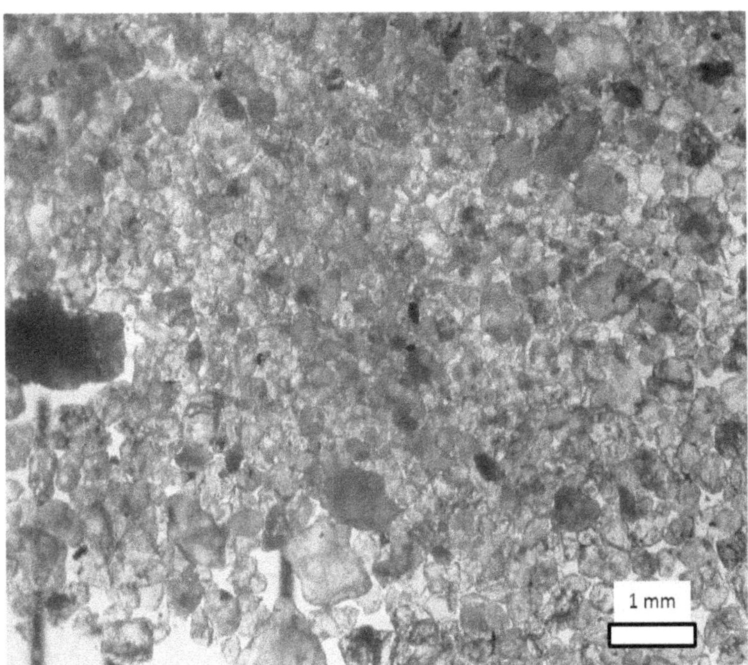

Figura 2.4. Amostra de areia quartzosa utilizada em construção civil observada em lupa binocular. Fonte: próprio autor.

Assim, de acordo com estes aspectos dos grãos no solo, a relação entre os componentes sólidos e os vazios varia de acordo com o empacotamento dos grãos, compactação e composição mineral. Outro fator muito importante é a presença de água, a qual é fundamental para mudança do estado físico do solo.

Ao ser realizada a medida de volume de uma amostra de solo, está sendo levando em consideração o volume dos sólidos e o volume de vazios. Assim, podemos escrever a seguinte equação para o volume total do solo:

(2.1) $V = V_s + V_v$

Onde, V é o volume total, V_s é o volume de sólidos e V_v é volume de vazios. Todavia, o volume de vazios geralmente possui certa quantidade de água quando o solo é úmido e encontra-se totalmente preenchido por água quando estiver saturado. Assim, para solos saturados, os quais são comuns em regiões pantanosas e charcos, o volume de vazios será igual ao volume de água. Podendo modificar a equação (2.1) nesta situação:

(2.2) $V = V_s + V_a$

O peso de uma amostra de solo leva em consideração o peso dos componentes sólidos e a água em seu conteúdo, desta maneira podemos escrever a seguinte equação para o peso do solo:

(2.3) $P = P_s + P_a$

Onde P é o peso total, P_s é o peso dos sólidos e P_a é o peso da água.

A relação de peso e volume do solo resulta em índices que ajudam em sua análise e classificação. Os quais são: teor de umidade (h), índice de vazios ($\mathcal{E}$), porosidade (η), grau de saturação (G) e grau de aeração (A).

(2.4)

$$h = \frac{P_a}{P_s}$$

(2.5)

$$\varepsilon = \frac{V_v}{V_s}$$

(2.6)

$$\eta = \frac{V_v}{V}$$

(2.7)

$$G = \frac{V_a}{V_v}$$

(2.8)

$$A = 1 - G$$

Outro fator bastante utilizado para análise de índices físicos do solo é o peso específico, o qual apresenta a relação de peso e volume, como podemos observar no peso específico natural do solo (equação 2.9):

(2.9)

$$\gamma = \frac{P}{V}$$

Além de outros, como peso específico dos grãos (equação 2.10), peso específico seco (equação 2.11) e peso específico da água (equação 2.12):

(2.10)

$$\gamma_g = \frac{P_s}{V_s}$$

(2.11)

$$\gamma_d = \frac{P_s}{V}$$

(2.12)

$$\gamma_a = \frac{P_a}{V_a}$$

Matula *et al.* (1979) em análises para classificação de rochas e solos produziu denominações que são usadas para solos através dos valores de porosidade e grau de saturação encontrados (tabelas 2.1 e 2.2).

Tabela 2.1. Classificação de solos de acordo com a porosidade e índice de vazios (Matula *et al.*, 1979).

ÍNDICE DE VAZIOS	POROSIDADE (%)	DENOMINAÇÃO
> 1	> 50	Muito alta
1 - 0,8	50 - 45	Alta
0,8 - 0,55	45 - 35	Média
0,55 - 0,43	35 - 30	Baixa
< 0,43	< 30	Muito baixa

Tabela 2.2. Classificação de acordo com o grau de saturação (Matula *et al.*, 1979).

GRAU DE SATURAÇÃO	DENOMINAÇÃO
0 - 0,25	Naturalmente seco
0,25 - 0,50	Úmido
0,50 - 0,80	Muito úmido

0,80 - 0,95	Altamente úmido
0,95 - 1,00	Saturado

Exemplo 2.1. Uma amostra de solo com 60 cm^3, ao ser analisada em laboratório, possuía 92,5 g. Depois de completamente seca o seu peso baixou para 74,3 g. Sabendo que o peso específico dos grãos deste solo é de 2,62 g/cm^3, calcular o teor de umidade (a), índice de vazios (b), porosidade (c), grau de saturação (d) e classificação quanto à porosidade e saturação (e).

Resolução:

Parte a

Da relação de peso da amostra na equação (2.3), obtemos:

$$P_a = P - Ps = 92{,}5 - 74{,}3 = 18{,}2g$$

Assim, podemos calcular o teor de umidade (*h*):

$$h = \frac{18{,}2}{74{,}3} = 0{,}245$$

$$h = 24{,}5\%$$

Onde este resultado pode ser apresentado em porcentagem.

$$h = 24{,}5\%$$

Parte b

Para o calcular do índice de vazios, precisamos obter primeiro o *Vs* através do peso específico dos grãos:

$$V_s = \frac{P_s}{\gamma_g} = \frac{74{,}3}{2{,}62} = 28{,}35cm^3$$

Seguido do volume de vazios a partir da equação (2.1):

$$V_v = V - V_s = 60 - 28{,}35 = 31{,}65cm^3$$

Assim, da equação (2.5)

$$\varepsilon = \frac{31{,}65}{28{,}35} = 1{,}11$$

Parte c

Equação (2.6)

$$\eta = \frac{31,65}{60} = 0,52 \; ou \; 52\%$$

Parte d

Para resolver esta equação precisamos calcular o volume de água da amostra através do peso específico da água:

$$V_a = \frac{P_a}{\gamma_a} = \frac{18,2}{1}$$

Considerando γ_a = 1 g/cm^3

$$V_a = 18,20cm^3$$

Assim, da equação (2.7)

$$G = \frac{18,20}{31,65} = 0,57 \; ou \; 57\%$$

Parte e

Comparando os valores encontrados com as tabelas 2.1 e 2.2, o solo apresenta-se muito úmido e com porosidade muito alta.

Exemplo 2.2. Uma amostra de solo saturado possui 25 dm^3 e peso igual a 62 kg. Sabendo que o peso específico dos grãos é igual a 2,72 g/cm^3, calcule o índice de vazios e o teor de umidade deste solo. Depois recalcular os mesmos índices para um solo com água salgada, onde o peso específico da água é igual a 1,030 g/cm^3.

Resolução:

Parte a

Sabendo que em solo saturado V_v é igual a V_a, podemos usar a equação (2.2):

$$V = V_s + V_a \rightarrow V_s = V - V_a \; (a)$$

Em seguida, usando a equação (2.3), temos:

$$P_a = P - P_s$$

Sabendo que

$$P_a = \gamma_a . V_a$$
$$P_s = \gamma_g . V_s$$

Podemos modificar a equação anterior:

$$\gamma_a . V_a = P - \gamma_g . V_s \ (b)$$

Assim, substituindo V_s de (a) em (b) e isolando V_a, temos:

$$\gamma_a . V_a = P - \gamma_g . (V - V_a)$$

$$V_a = \frac{P - \gamma_g . V}{\gamma_a - \gamma_g}$$

Utilizando o peso específico da água doce igual a 1 g/cm³ e ajustando as unidades:

$$V_a = \frac{62000 - (2{,}72 \,.\, 25000)}{1 - 2{,}72}$$

$$V_a = 3488{,}37 cm^3$$

Em seguida encontra-se V_s a partir de (a):

$$V_s = V - V_a = 25000 - 3488{,}37 = 21511{,}63 cm^3$$

Então,

$$\varepsilon = \frac{V_a}{V_s} = \frac{3488{,}37}{21511{,}63} = 0{,}162$$

Encontrando o teor de umidade a partir da equação (2.4), temos:

$$h = \frac{P_a}{P_s} = \frac{\gamma_a . V_a}{\gamma_g . V_s}$$

$$h = \frac{1 \,.\, 3488{,}37}{2{,}72 \,.\, 21511{,}63} = 0{,}059$$
$$h = 5{,}9\%$$

Parte b

Agora, refazendo os cálculos para solo com água salgada:

$$V_a = \frac{62000 - 2{,}72\,.\,25000}{1{,}030 - 2{,}72}$$

$$V_a = 3550{,}29cm^3$$

$$V_s = V - V_a = 25000 - 3550{,}29 = 21449{,}71cm^3$$

$$\varepsilon = \frac{V_a}{V_s} = \frac{3550{,}29}{21449{,}71} = 0{,}165$$

$$h = \frac{1{,}030\,.\,3550{,}29}{2{,}72\,.\,21449{,}71} = 0{,}062$$
$$h = 6{,}2\%$$

Exemplo 2.3. Durante trabalhos e corte e aterro para construção de uma rodovia foi realizado o corte de 180.000 m^3 de solo. O índice de vazios deste material apresentou valor igual a 1,12. Quantos metros cúbicos de aterro podem ser produzidos a partir deste material com índice de vazios igual a 0,72?

Resolução:

Para resolver este problema é preciso separar os parâmetros físicos de corte e aterro. Mas, lembrando que o único parâmetro físico que não será modificado é o V_s e o P_s, pois a mudança ocorrerá no volume de vazios.

Parte a

Isolando V_s com dados de corte de solo:

$$V = V_s + V_v\ (a)$$
$$\varepsilon = \frac{V_v}{V_s}$$

Onde,

$$V_v = \varepsilon . V_s\ (b)$$

Substituindo (b) em (a) e isolando V_s, temos:

$$V = V_s + \varepsilon V_s$$
$$V_s = \frac{V}{1+\varepsilon}$$

Parte b

Fazendo o mesmo para o material de aterro temos:

V' = volume de aterro

Ɛ' = índice de vazios do aterro

V_v' = volume de vazios do aterro

$$V_s = \frac{V'}{1+\varepsilon'}$$

Assim, fazendo a união das duas equações e isolando *V'*, temos:

$$V(1+\varepsilon) = V'(1+\varepsilon')$$

$$V' = \frac{V(1+\varepsilon')}{1+\varepsilon}$$

$$V' = \frac{180000(1+0{,}72)}{1+1{,}12}$$

$$V' = 146037{,}73m^3$$

Exemplo 2.4. Qual a morfologia média e seleção dos grãos minerais componentes da amostra de solo apresentada abaixo?

Figura 2.5. Amostra de solo arenoso visto em microscópio. Fonte: próprio autor.

Resolução: Com base nas cartas de seleção e morfologia dos grãos (figuras 2.2 e 2.3) podemos classificar este solo como: Solo com grãos muito mal selecionados, esfericidade variando de baixa a alta e subarredondados.

2.1 Peso especifico dos grãos

Uma forma de determinação do peso específico dos grãos em laboratório é através do uso do picnômetro com água.

O método consiste em pesar uma amostra de solo que passa na peneira de 4,8 mm. Seguido do peso do picnômetro com água e do picnômetro com água e solo a ser analisado de acordo com a NBR 6508.

O solo é pesado, cerca de 50 g para areia e 60 g para solo argiloso, e transferido para um recipiente com água destilada, deixando-o descansar por pelo menos 12 h.

Determinar o teor de umidade com o restante da amostra de solo.

Após o tempo de descanso da amostra, transferi-la para o copo de dispersão, completar com água destilada até a metade do copo, e dispersar por 15 minutos. Transferir o conteúdo para um picnômetro completar com água até a metade do volume do recipiente e aplicar vácuo de 88 kPa por cerca de 15 min. Após este tempo completar com água até 1 cm abaixo da base do gargalo e aplicar vácuo novamente por 15 min para remoção do oxigênio dissolvido na água.

Adicionar água até 1 cm abaixo da marca de calibração, aguardar até o picnômetro obter a temperatura ambiente. Completar com água até o menisco coincidir com a marca de referência.

Pesar o conjunto: picnômetro + solo + água.

Aferir a temperatura da água e pesar o picnômetro com água até a marca de referência.

Calcular o peso especifico dos grãos de acordo com a fórmula:

$$\gamma_g = \left(\frac{\left(\frac{M_1 . 100}{100 + h}\right)}{\frac{M_1 . 100}{100 + h} + M_3 - M_2} \right) . \gamma_a$$

M_1 = peso do solo úmido.

M_2 = peso de picnômetro, solo e água.
M_3 = peso de picnômetro e água.
h = teor de umidade da amostra.

Figura 2.1.1 Peso do conjunto: picnômetro, solo e água.

Figura 2.1.2 Peso do conjunto: picnômetro e água.

Exemplo 2.1.1. O peso de uma amostra de areia com teor de umidade igual a 0,5% foi de 38,7g. Sabendo que o peso do

picnômetro com água é de 160 g e que o mesmo conjunto com adição da amostra de areia é igual a 184 g, calcule o peso especifico dos grãos minerais?
Obs.: A temperatura da água era de 28 °C com peso específico de 0,9960 g/cm³.

Resolução:
Identificar os pesos adquiridos e os parâmetros conhecidos do solo.
M_1 = peso do solo úmido = 39,57g
M_2 = peso do conjunto picnômetro, solo e água = 184 g
M_3 = peso do picnômetro com água = 160g
h = 0,5%

Assim, utilizando a expressão abaixo, calcula-se o peso especifico dos grãos.

$$\gamma_g = \left(\frac{\left(\frac{M_1 . 100}{100 + h}\right)}{\frac{M_1 . 100}{100 + h} + M_3 - M_2} \right) . \gamma_a$$

$$\gamma_g = \left(\frac{\left(\frac{39{,}57 \,.\, 100}{100 + 0{,}5}\right)}{\frac{39{,}57 \,.\, 100}{100 + 0{,}5} + 160 - 184} \right) . 0{,}9960$$

$$\gamma_g = 2{,}55 \; g/cm^3$$

2.2. Questões

1. Uma amostra de solo com 475 cm³, possuía 750 g antes da secagem e 723 g após 6 h na estufa a 125° C. Sabendo que o peso específico dos grãos é de 2,66 g/cm³, determinar o índice de vazios, porosidade, teor de umidade, grau de saturação, grau de aeração, peso específico natural e classificação de acordo com porosidade e saturação.

Resposta:

Índice de vazios = 0,74
Porosidade = 42%
Teor de umidade = 3%
Grau de saturação = 0,13
Grau de aeração = 0,87
Peso específico natural = 1,57 g/cm3
Solo de porosidade média e naturalmente seco.

2. Um recipiente contendo solo saturado pesou 115,27 g antes de ser colocado em estufa, e 101,06 g após 24 horas de secagem. O peso do recipiente é 49,31 g e o peso específico dos grãos é 2,63 g/cm³. Determinar o índice de vazios, porosidade, umidade e o peso específico natural da amostra.

Resposta:

Índice de vazios = 0,72
Porosidade = 41%
Teor de umidade = 27%
Peso especifico natural = 1,94

3. Em uma determinada obra foi realizado o corte de 193.500 m³ de solo com índice de vazios igual a 1,1. Quantos

metros cúbicos de aterro podem ser produzidos com um índice de vazios igual a 0,65?

Resposta: 152.035,71 m^3

4. Qual a quantidade de água a ser adicionada a 5kg de solo para obter um teor de umidade igual a 12%? Peso específico dos grãos igual a 2,62 g/cm^3.

Resposta: 535,71 ml

5. Uma amostra de solo saturado com volume de 30 dm^3 possui peso igual a 65 kg. O peso específico dos grãos é de 2,73 g/cm^3. Calcular o índice de vazios e o teor de umidade deste solo.

Resposta: h = 17,68%

ε = 0,48

6. Amostra de solo saturado apresentou teor de umidade de 30% e peso específico natural igual a 2 g/cm^3. Determinar a porosidade, índice de vazios e peso específico dos grãos deste solo.

Resposta: η = 46%

ε = 0,85

γ_g = 2,85 g/cm^3

7. De acordo com as cartas para descrição morfológica dos componentes sólidos apresentadas nas figuras 2.2 e 2.3, descreva o arredondamento médio e seleção dos grãos minerais na amostra de areia da figura 2.4.

8. Algumas amostras de solos arenosos passaram por análise em laboratório de mecânica dos solos para determinação de índices físicos. De acordo com os dados da tabela 2.3 determine o teor de umidade, peso especifico natural, índice de vazios, porosidade, grau de saturação e grau de aeração deste solo. Considere o peso especifico dos grãos igual a 2,62 g/cm³ e peso especifico da agua igual a 1 g/cm³.

Tabela 2.3. Informações das amostras.

Amostras	Volume das amostras (cm³)	Peso do recipiente (g)	Solo úmido + recipiente (g)	Solo seco + recipiente (g)
1	245	283,96	669,34	654,7
2	250	282,4	696,25	663,82
3	253	282,66	865,55	844,09
4	420	282,8	991,1	966,05
5	350	283,66	847,27	821,07
6	370	281,5	874,35	842,86

Resposta:

Tabela 2.4. Resultado das análises.

Amostras	*h* (%)	γ_{nat} (g/cm³)	ε	η (%)	*G*	*A*
1	3,9	1,57	0,731	42,2	0,141	0,859
2	8,5	1,66	0,717	41,8	0,311	0,689
3	3,8	2,30	0,181	15,3	0,554	0,446
4	3,7	1,69	0,611	0,379	0,157	0,843
5	4,9	1,61	0,706	0,414	0,181	0,819
6	5,6	1,60	0,727	0,421	0,202	0,798

PERSONAGENS IMPORTANTES

TERZAGHI

Karl von Terzaghi (2 de outubro de 1883 - 25 de outubro de 1963) foi um engenheiro mecânico austríaco, engenheiro geotécnico e geólogo conhecido como o "**pai da mecânica dos solos e engenharia geotécnica**". Em sua juventude desenvolveu interesse por astronomia e geografia, tornando-se um excelente aluno em geometria e matemática. Em 1900, ingressou na *Technical University* de Graz para estudar engenharia mecânica, onde também desenvolveu interesse em mecânica teórica, formando-se em 1904. Terzaghi traduziu um popular manual de campo de geologia inglês para o alemão e o expandiu bastante. Assim, combinou o estudo da geologia com cursos sobre temas como engenharia rodoviária e ferroviária. Pouco depois, publicou seu primeiro trabalho acadêmico sobre a geologia dos terraços no sul da Styria, Áustria.

Após a universidade trabalhou como engenheiro de design júnior em Viena. Envolvendo-se em projetos de energia hidroelétrica tratando de problemas geológicos que a empresa enfrentava. Suas responsabilidades aumentaram rapidamente e, em 1908, ele gerenciava um canteiro de obras. Posteriormente trabalhou em um projeto para construir uma barragem hidrelétrica na Croácia. Durante seis meses na Rússia, desenvolveu alguns novos métodos gráficos para o projeto de tanques industriais, que apresentou como tese de doutorado na universidade. Em 1912, viajou para os Estados Unidos e realizou um tour de engenharia pelos principais locais de construção de barragens no Ocidente. Aproveitando a oportunidade para reunir relatórios e conhecimento em primeira mão dos problemas de muitos projetos diferentes, e retornou à Áustria em dezembro de 1913. Durante a Primeira Guerra Mundial, foi convocado para o exército como oficial dirigindo um batalhão de engenharia de 250 homens. Depois de um curto período gerenciando um aeródromo, ele se tornou professor no *Royal Ottoman College of Engineering* em Istambul. Iniciando neste período um estudo rigoroso das propriedades dos solos em um contexto de engenharia. Tanto suas medições quanto sua análise da força em muros de contenção foram publicadas pela primeira vez em inglês em 1919, e foram rapidamente reconhecidas como uma nova contribuição importante para a compreensão científica do comportamento fundamental dos solos. Após a guerra, ele foi forçado a renunciar ao seu cargo na Universidade, mas conseguiu encontrar um novo cargo no Robert College, em Istambul. Começou a estudar aspectos experimentais e quantitativos da permeabilidade dos solos à água e produziu teorias para explicar as observações. Inventando novos equipamentos como parte do trabalho. Em 1924 ele publicou *Erdbaumechanik auf Bodenphysikalischer Grundlage* (*The Mechanics of Earth Construction Based on Soil Physics*), que teria um profundo impacto no campo e que daria início a Mecânica dos Solos. Isso resultou em uma oferta de emprego no *Massachusetts Institute of Technology* (MIT) que ele aceitou. Nos Estados Unidos escreveu uma série de artigos para o *Engineering News Record*, publicados em 1925, depois como um livro em 1926. Montou um novo laboratório no MIT voltado para fazer medições em solos com instrumentos de sua própria autoria. Assim, entrou em uma nova fase de publicação prolífica e como consultor de engenharia em muitos projetos de grande escala. Durante seu periodo no MIT, entre 1926 e 1932, Arthur Casagrande, trabalhou como seu assistente particular.

Participou como palestrante da *International Conference on Soil Mechanics* na Universidade de Harvard. Evento que levou o estabelecimento da Sociedade Internacional de Mecânica do Solo e Engenharia Geotécnica, sendo Terzaghi o primeiro presidente. Em 1938 assumiu um cargo na Universidade de Harvard. Prestando consultoria para o sistema de metrô de Chicago, a construção do Newport News Shipways, entre outros. Ele se tornou um cidadão americano em março de 1943. Foi premiado com a Medalha Frank P. Brown em 1946. Permaneceu em tempo parcial na Universidade de Harvard até sua aposentadoria em 1953, na idade obrigatória de 70 anos. Em julho de 1954, ele se tornou o presidente do Conselho Consultivo para a construção da Barragem de Aswan, Egito.

Wikipedia contributors. (2022, February 14). Karl von Terzaghi. In Wikipedia, The Free Encyclopedia. Retrieved 13:42, July 25, 2022, from https://en.wikipedia.org/w/index.php?title=Karl_von_Terzaghi&oldid=1071831650

3. GRANULOMETRIA

O estudo de solos através do tamanho e distribuição de partículas é feita através da análise granulométrica. Trabalho realizado pela identificação e quantificação das frações granulométricas, as quais são definidas de acordo com as classificações granulométricas (tabela 3.1). A geologia utiliza para classificação granulométrica de solos e sedimentos a Escala Granulométrica de Udden-Wentworth (*Udden-Wentworth Scale*), enquanto serviços de engenharia civil no Brasil adotam a escala granulométrica da NBR 7217.

A identificação das frações de um determinado solo é feita através de peneiramento, sedimentação e identificação a laser. A separação por peneiramento pode ser realizada com o limite inferior de 0,075 mm (figura 3.1). Frações menores são identificadas por sedimentação e granulometria a laser.

O peneiramento é realizado através do arranjo de jogo de peneiras e agitação da amostra seca em mesa vibratória durante tempo determinado de acordo com a acurácia requerida. Enquanto a separação por sedimentação ocorre em meio líquido baseada na Lei de Stokes. Neste ensaio é inserido aproximadamente 60 g de solo em proveta com 1 litro de água. Em seguida são registrados os valores de densidade do meio líquido durante intervalos de tempo determinados de acordo com tabela de ensaio. O trabalho também é acompanhado pelo registro da temperatura da água para cálculo de viscosidade levando um tempo total do ensaio de 24 horas.

A análise a partir dos dados obtidos é feita através da curva granulométrica, a qual é formada pela porcentagem do material passante e diâmetro das partículas (figura 3.2). Seguido de cálculo dos coeficientes de uniformidade (C_u) e curvatura (C_c).

O coeficiente de uniformidade representa solos muito uniformes ($C_u < 5$), solos de uniformidade média ($5 < C_u < 15$) e solos desuniformes ($C_u > 15$). Através da seguinte equação:

(3.1) $C_u = D_{60}/D_{10}$

Onde, D_{60} corresponde o diâmetro da partícula relacionada a 60% do material passante. D_{10}, diâmetro de partícula relacionada a 10% do material passante.

(3.2) $C_c = (D_{30})^2 / (D_{60} \times D_{10})$

Tabela 3.1. Classificação granulométrica segundo ABNT.

FRAÇÃO	LIMITES (mm)
Matacão	250 a 1000
Pedra	76 - 250
Pedregulho	4,8 - 76
Areia grossa	2 - 4,8
Areia média	0,42 - 2
Areia fina	0,05 - 0,42
Silte	0,005 - 0,05
Argila	< 0,005

Onde, D_{30} é o diâmetro da partícula relacionada a 30% do material passante. Correspondente a valores entre 1 e 3 para solos bem graduados.

Figura 3.1. A - conjunto de peneiras para seleção das frações granulométricas. B - pesagem do material retido. Fonte: Centro Universitário FAMETRO.

A granulometria por difração a laser possui faixa de leitura com limites variando de 3,5 mm a 10 nm. É realizada por dispersão em meio líquido e dispersão a seco com resultados em tempo real acompanhado e representado por gráficos em softwares. O tempo de análise por amostra é de, aproximadamente, 10 minutos. Sendo, portanto, muito mais eficaz para análise de partículas finas.

Neste método as partículas são dispersas num fluído em movimento. O equipamento mede a variação angular a partir da interação de um feixe de laser com as partículas dispersas. Os equipamentos utilizam modelos ópticos baseados na teoria de Mie ou na difração de Fraunhofer (Christofoletti e Moreno, 2017).

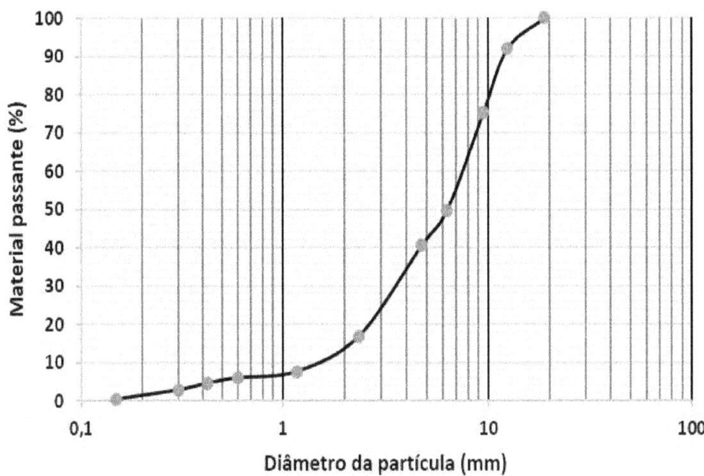

Figura 3.2. Exemplo de curva granulométrica para análise de solos.

Exemplo 3.1. Durante ensaio para análise granulométrica de um solo foram obtidos os seguintes dados apresentados a seguir. Complete a tabela e trace a curva granulométrica. Em seguida encontre D_{10}, D_{30}, D_{60} e os coeficientes de uniformidade e curvatura.

Tabela 3.2. Resultados de ensaio de granulometria de amostra de solo.

Abertura da peneira (mm)	Retido (g)	Retido (%)	Retido acumulado (%)	Passante (g)	Passante (%)
4,750	0,00				
2,360	0,00				
2,000	0,00				
1,700	0,27				
1,180	1,43				
0,600	8,30				
0,425	64,64				
0,300	96,85				
0,150	117,52				
<0,150	9,08				

Resolução

Parte a

Completando a tabela de análise granulométrica é preciso transformar em porcentagem o material retido em cada peneira. Assim, somando todo material retido temos um total de 298,09 g o qual será equivalente a 100%. Desta maneira, efetua-se o preenchimento da coluna de material retido em porcentagem:

(3.3) Retido (%) = (retido (g) x 100%) / (total (g))

Retido (%)= (0,27 x 100) / 298,09 = 0,09%

O retido acumulado será a somatória de cada intervalo com o resultado anterior. Enquanto, o material passante em gramas consiste na subtração do material anterior pelo material retido de cada intervalo. A mudança do material passante em gramas para o passante em porcentagem ocorre como na equação (3.3), substituindo o retido pelo passante. Desta maneira, a tabela completa e a curva granulométrica serão:

Tabela 3.3: Tabela de interpretação dos dados de granulometria do solo.

Abertura da peneira (mm)	Retido (g)	Retido (%)	Retido acumulado (%)	Passante (g)	Passante (%)
4,750	0,00	0,00	0,00	298,09	100,00
2,360	0,00	0,00	0,00	298,09	100,00
2,000	0,00	0,00	0,00	298,09	100,00
1,700	0,27	0,09	0,09	297,82	99,91
1,180	1,43	0,48	0,57	296,39	99,43
0,600	8,30	2,78	3,35	288,09	96,65
0,425	64,64	21,68	25,04	223,45	74,96
0,300	96,85	32,49	57,53	126,60	42,47
0,150	117,52	39,42	96,95	9,08	3,05
<0,150	9,08	3,05	100,00	0,00	0,00

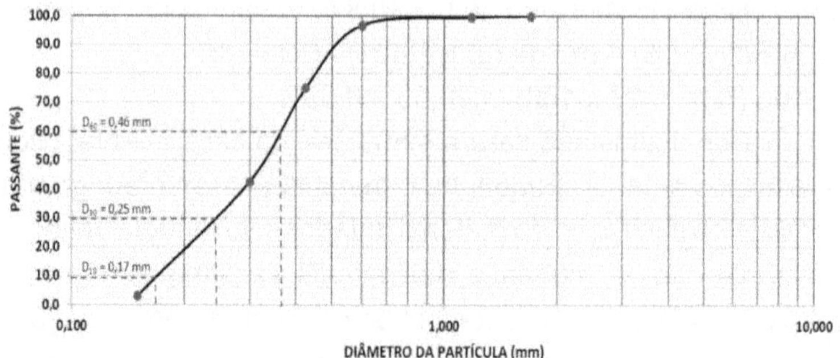

Figura 3.3. Curva granulométrica do solo a partir da porcentagem do material passante e diâmetro das partículas.

Parte b

A partir da curva granulométrica na figura 3.3 e utilizando as equações (3.1) e (3.2) podemos calcular os índices:

C_u = 0,46/0,17 = 2,70

C_c = $(0,25)^2$ / (0,46x0,17) = 0,79

3.1. Questões

1. A tabela abaixo apresenta o resultado de um ensaio de granulometria de uma determinada amostra de solo. Complete a tabela, trace a curva granulométrica e calcule os coeficientes de uniformidade e curvatura.

Tabela 3.1.1. Resultados de ensaio de granulometria.

Abertura da peneira (mm)	Retido (g)	Retido %	Retido acumulado (%)	Passante (g)	Passante (%)
19,000	0				
12,500	79,55				
9,500	166,79				
6,300	254,17				
4,750	90,16				
2,360	234,54				
1,180	92,49				
0,600	16,76				
0,425	13,2				
0,300	18,4				
0,150	23,24				
<0,150	3,51				

2. De acordo com os resultados apresentados na tabela faça a curva granulométrica deste solo, calcule os coeficientes de uniformidade e curvatura do solo e descreva a granulometria.

Tabela 3.1.2. Resultados de ensaio de granulometria.

Abertura da peneira (mm)	Retido (g)	Retido (%)	Retido acumulado (%)	Passante (g)	Passante (%)
19	91,5				
4,75	915,93				
2,36	77,98				
1,18	54,88				
0,6	20,52				
0,425	16,24				
0,3	13,5				
0,15	19,2				
<0,15	4,05				

3. A partir dos resultados abaixo faça uma análise da granulometria.

Tabela 3.1.3.

Abertura da peneira (mm)	Retido (g)
19	0
4,75	70,55

2,36	130,19
1,18	106,58
0,6	470,78
0,425	302,15
0,3	74,48
0,15	9,92
<0,15	2,86

Tabela 3.1.4.

Abertura da peneira (mm)	Retido (g)
4,75	2,0
2,36	2,0
2,00	4,0
1,70	6,0
1,18	22,0
0,60	100,0
0,425	430,0
0,30	190,0
0,25	138,0
0,18	46,0
<0,18	56,0

PERSONAGENS IMPORTANTES

WENTWORTH

Chester Keeler Wentworth (1891-1969) nasceu em Aspen, Colorado, em 7 de maio de 1891, cresceu em uma atmosfera de versatilidade, da qual certamente atraiu muito de sua atitude faça-você-mesmo, sua habilidade e seu interesse em escrita. Na escola primária, Chester já havia desenvolvido um interesse por ciências e matemática, demonstrando por si mesmo a lei do pêndulo e certos princípios algébricos. Seu excelente trabalho na escola levou seus professores a encorajá-lo a se preparar para ir para a faculdade, mas pouco antes de completar 15 anos sua mãe morreu. Seu pai, que não tinha educação universitária, não simpatizava com a possibilidade de Chester ter uma, e em vez disso insistiu que ele deixasse o ensino médio no final do segundo ano e aprendesse o ofício de maquinista. Em 1910 mudou-se para Worcester, Massachusetts, encontrou um emprego como maquinista e se casou. À noite, fez um curso de engenharia civil por correspondência e, depois de dois anos, conseguiu um emprego em uma empresa de engenharia civil, que ocupou por dois anos.

O interesse de Chester pela geologia começou com uma coleção de rochas e minerais que seu pai trouxe do Colorado. Na gramática e no ensino médio, seus professores estimularam o interesse. Um deles levou vários meninos em viagens de campo para minas e pedreiras e encorajou Chester a organizar uma coleção de minerais de propriedade da escola. Ele assumiu essa tarefa com energia e entusiasmo característicos, passando vários meses aprendendo a identificar os minerais. Quando foi forçado a abandonar o ensino médio, continuou estudando geologia, tanto em livros quanto em campo. Entre outras coisas, ele fez quatro viagens de ida e volta de cerca de 40 milhas cada uma em sua bicicleta para ler o novo livro de geologia em três volumes de Chamberlin e Salisbury na biblioteca de Waterbury. No verão de 1914, ele fez uma excursão geológica amadora à região do Lago Champlain e, em 1915, estudou a região em torno de Winsted. Embora ainda não tivesse nenhum treinamento formal em geologia, no outono de 1914 ele fez o exame do Serviço Geológico dos EUA para auxiliar geológico. Para surpresa de muitos, ele passou. Em 1916 ele fez um curso de verão em geologia, e então foi oferecido e aceito um emprego com um grupo de Pesquisa Geológica trabalhando em uma investigação de carvão em Wyoming e Montana. Ele também passou o verão de 1917 no trabalho de pesquisa, e durante essas duas temporadas de campo começou um interesse pelas formas de seixos que mais tarde resultaram em vários artigos publicados sobre o assunto.

Chester se formou na Universidade de Chicago com licenciatura em geologia em junho de 1918. Em maio de 1919, Chester aceitou um compromisso em tempo integral com o Serviço Geológico dos EUA, trabalhando em depósitos de carvão no sudoeste da Virgínia. Em setembro de 1920 ele foi para a

Universidade de Iowa como estudante de pós-graduação e assistente de pesquisa. No verão de 1920 casou-se com Mildred Porter, mas o casamento durou apenas até 1925, quando se divorciaram. Chester tirou seu mestrado em 1921, e seu Ph.D. em 1923, ambos na Universidade de Iowa. Foi durante seu tempo como estudante em Iowa que a combinação incomum de aptidões de Chester levou à realização pela qual ele é mais conhecido – a escala Wentworth para a classificação de rochas sedimentares clásticas. Mais tarde, em colaboração com Howel Williams, propôs uma escala semelhante para a classificação de rochas piroclásticas. Uma história deliciosa chegou até nós do exame abrangente de Chester para o doutorado. Um dos examinadores perguntou-lhe se a cinza vulcânica era uma rocha ígnea ou sedimentar. Caracteristicamente, Chester levou isso com calma, com a resposta imediata: "É ígneo na subida e sedimentar na descida".

MACDONALD, G.A.; COX, D.C. Memorial to Chester Keeler Wentworth. The Geological Society of America. Disponível em: < https://www.geosociety.org/documents/gsa/memorials/v01/Wentworth-CK.pdf >. Acesso em: 26/07/2022.

4. CONSISTÊNCIA E PLASTICIDADE

O teor de umidade é responsável pela mudança no estado físico dos solos fazendo-os mudar de sólido até o estado líquido (figura 4.1). Assim, com o objetivo de determinar os teores de umidades que marcam as mudanças físicas do solo, o químico Albert Mauritz Atterberg criou os Limites de Consistência. Também conhecidos como Limites de Atterberg, aplicados a agricultura. Sendo, mais tarde, utilizado em trabalhos de geotecnia através de Karl Terzaghi e Arthur Casagrande.

Os limites de consistência correspondem ao Limite de Contração (LC) que marca a mudança entre o estado sólido e o semi-sólido, Limite de Plasticidade (LP) marca a mudança do semi-sólido para o plástico, e Limite de Liquidez (LL) que marca o teor em que o solo se torna líquido (figura 4.1).

Em laboratório para o início dos ensaios é preciso preparar as amostras através de destorroamento, peneiramento para retirada de pedregulhos e cascalhos (figura 4.2). Utilizando para o ensaio o material que passa na peneira de 0,42 mm. Após o peneiramento a amostra é homogeneizada com adição gradativa de água e mistura com a espátula até alcançar textura pastosa.

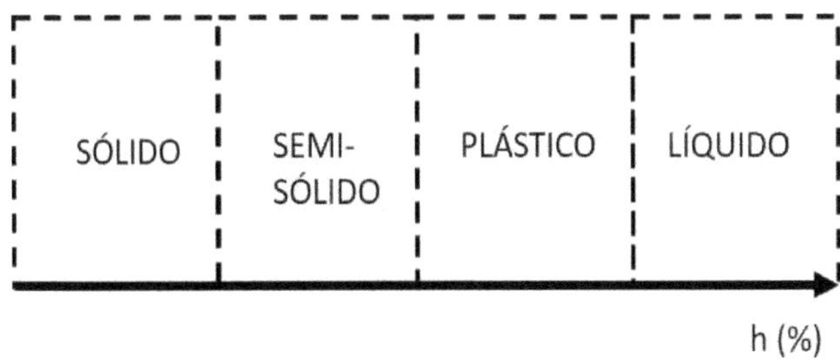

Figura 4.1. estados físicos do solo de acordo com o teor de umidade.

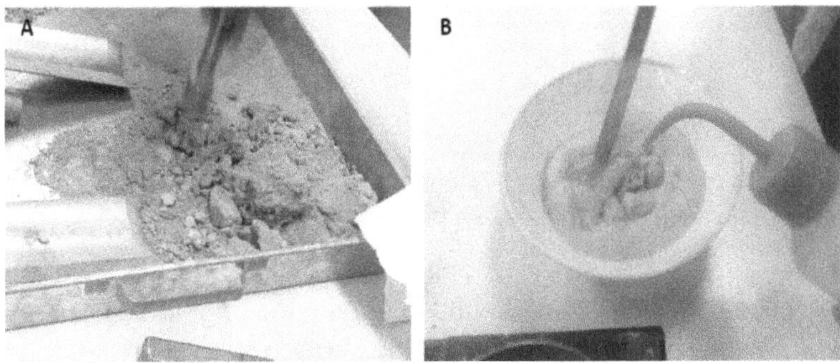

Figura 4.2. A - destorroamento de solo. B - adição de água em solo peneirado para homogeneização. Fonte: Próprio autor.

O LC é determinado em laboratório através das medidas de volume e peso úmido e seco da amostra. As amostras preparadas são medidas em cápsulas de contração e aquecidas em estufa até o volume constante. Os dados são calculados de acordo com a equação:

$$(4.1)\ LC = \left(\frac{M_1 - M_2}{M_2}.100\right) - \left(\left(\frac{V_i - V_f}{M_2}.\gamma_a\right).100\right)$$

Onde, M_1 é o peso da amostra úmida (g)

M_2 é o peso da amostra seca (g)

V_i é o volume de solo úmido (cm^3)

V_f é o volume final de solo seco (cm^3)

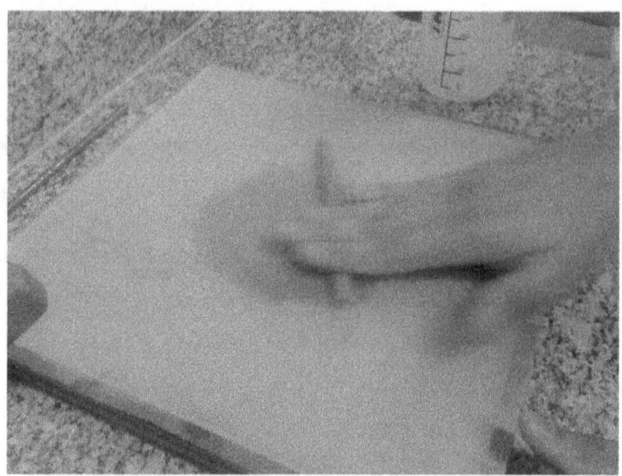

Figura 4.3. Moldagem de cilindro de argila sobre vidro fosco para ensaio de limite de plasticidade. Fonte: Próprio autor.

LP é o teor de umidade obtido após a moldagem de cilindros de argilas sobre vidro fosco. Neste ensaio são feitas esferas de argilas a mão e moldadas na forma de cilindros sobre placa de vidro (figura 4.3). Os cilindros devem alcançar aproximadamente 3 mm de diâmetro e são recolhidos para pesagem após apresentarem fragmentação. Se o cilindro não se fragmentar ao alcançar o diâmetro indicado deve-se repetir o processo até o mesmo se fragmentar. Para melhorar a precisão dos dados isto é realizado cinco vezes, obtendo cinco teores de umidade. O LP é calculado através da média aritmética dos valores encontrados. Observando que os valores não devem diferir da respectiva média mais de 5%.

$$(4.2)\ LP = \frac{\sum h_i}{i}$$

$$(4.3)\ LP = \frac{h_1 + h_2 + h_3 + h_4 + h_5}{5}$$

A determinação do LL é realizada com o uso do aparelho de Casagrande (figura 4.4). Neste ensaio a amostra é inserida preenchendo metade da concha metálica seguida de corte com o cinzel e giro da manivela para contagem de golpes (figura 4.3). Durante o processo, o giro da manivela levanta a concha até uma altura de 10 mm onde a mesma despenca e o impacto na base é contado como um golpe.

São contados os golpes até o fechamento do corte de solo no aparelho. Após a verificação do fechamento a amostra é coletada para determinação do teor de umidade. Este processo é repetido, pelo menos cinco vezes, onde a cada repetição é adicionada certa quantidade de água, tornando a amostra menos consistente.

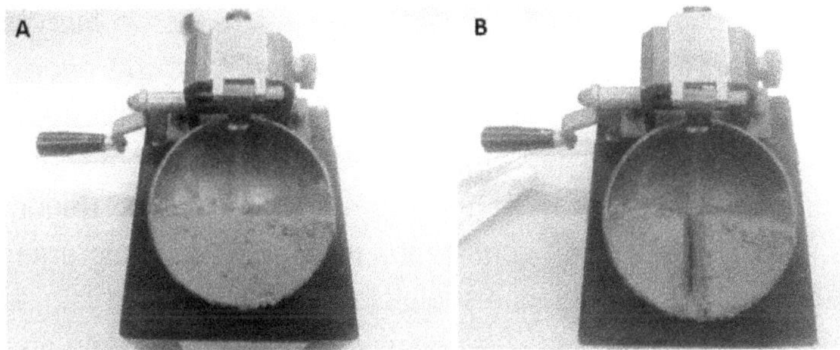

Figura 4.4. A - Amostra de solo em aparelho de Casagrande. B - amostra cortada para realização do ensaio. Fonte: Centro Universitário FAMETRO.

Após o ensaio são utilizados os valores de teor de umidade e número de golpes para criação de gráfico, onde o eixo de golpes é logarítmico. Neste, os valores plotados são preenchidos por uma linha de tendência e, através do número de golpes 25 é encontrado o teor de umidade considerado o Limite de Liquidez.

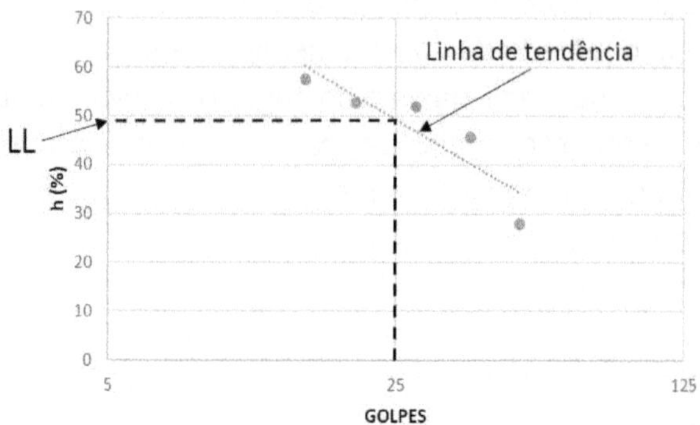

Figura 4.5. Exemplo de gráfico para determinação do Limite de Liquidez.

Outro método para determinação do LL é realizado através do cone de penetração (*cone penetration method*) de acordo com a norma britânica BS1377 (Das, 2011). O qual consiste na medida de penetração pelo próprio peso de um cone com ângulo do vértice de 30° e peso de 80 g em amostra de solo (Figura 4.6). O teste é realizado com a mesma amostra em diferentes teores de umidade. Os dados são plotados no plano com valores de penetração no eixo das abscissas e teor de umidade no eixo das ordenadas. Em seguida é traçada a linha de tendência através dos pontos obtidos. E, assim, o limite de liquidez é encontrado através do teor de umidade correspondente ao número 20 mm do eixo de penetração (Figura 4.7).

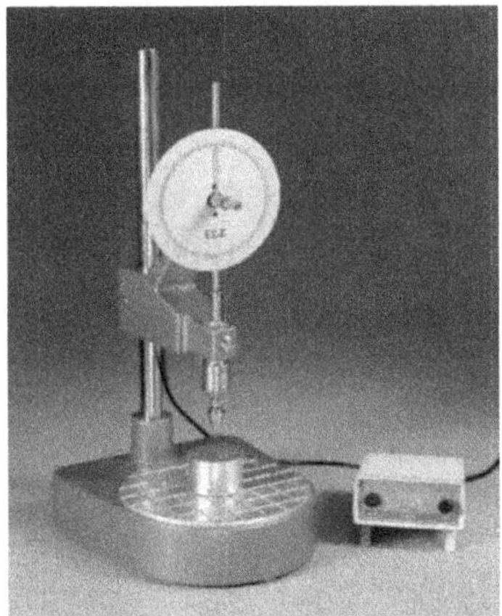

Figura 4.6.Cone de penetração para determinação de limite de liquidez. Fonte: ELE INTERNATIONAL.

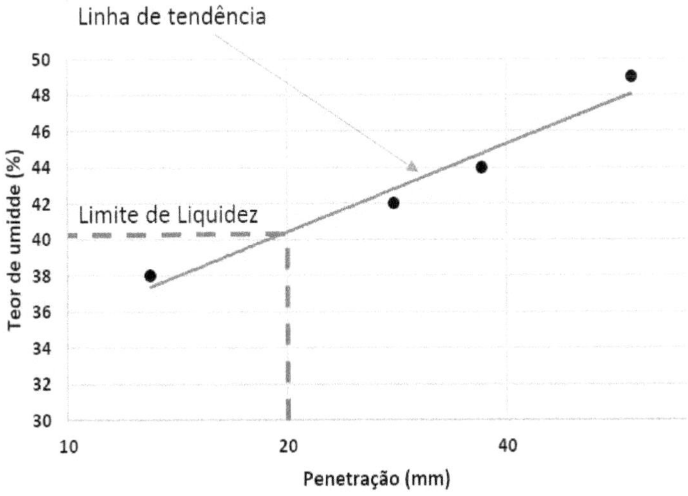

Figura 4.7. Gráfico para determinação de limite de liquidez através do cone de penetração.

A partir dos valores de LL e LP podem ser calculados também outros fatores utilizados para estudo de plasticidade e consistência de solos como o Índice de Plasticidade (IP) e Índice de Consistência (IC). Estes sendo utilizados também para análise e classificação de solos (tabela 4.1).

$$(4.4)\ IP = LL - LP$$

$$(4.5)\ IC = \frac{LL - h}{IP}$$

Tabela 4.1. Denominação de solos de acordo com o índice de plasticidade (Jenkins, *apud* Caputo, 1988).

Denominação	Limites
Fracamente plásticos	1 < IP < 7
Medianamente plásticos	7 < IP < 15
Altamente plásticos	IP > 15

Exemplo 4.1. O ensaio de limite de liquidez de um solo argilo-arenoso utilizando o Aparelho de Casagrande apresentou os seguintes resultados abaixo. Calcule o limite de liquidez do solo em questão.

Tabela 4.2. Resultados de ensaio em laboratório para limite de liquidez.

Golpes	Cápsula (g)	Cápsula + solo (g)	Cápsula +solo seco (g)	h (%)
50	2,9	29,5	23,72	
38	3,91	22,04	16,36	

28	3,33	15,78	11,53	
20	3,64	17,67	12,83	
15	3,61	17,34	12,32	

Resolução

Completar a tabela realizando o cálculo do teor de umidade.

$$h = \frac{P_a}{P_s}$$

$$h = \frac{(cap + solo) - (cap + solo\ seco)}{(cap + solo\ seco) - cap}$$

$$h = \frac{(29{,}5) - (23{,}72)}{(23{,}72) - 2{,}9}$$

$$h = 0{,}2776$$

$$h = 27{,}76\%$$

Tabela 4.3. Tabela completa com o teor de umidade do solo analisado.

Golpes	Cápsula (g)	Cápsula + solo (g)	Cápsula +solo seco (g)	h (%)
50	2,9	29,5	23,72	27,76
38	3,91	22,04	16,36	45,62
28	3,33	15,78	11,53	51,83
20	3,64	17,67	12,83	52,67

15	3,61	17,34	12,32	57,63

Com os dados de teor de umidade e número de golpes criar o gráfico para identificação do limite de liquidez.

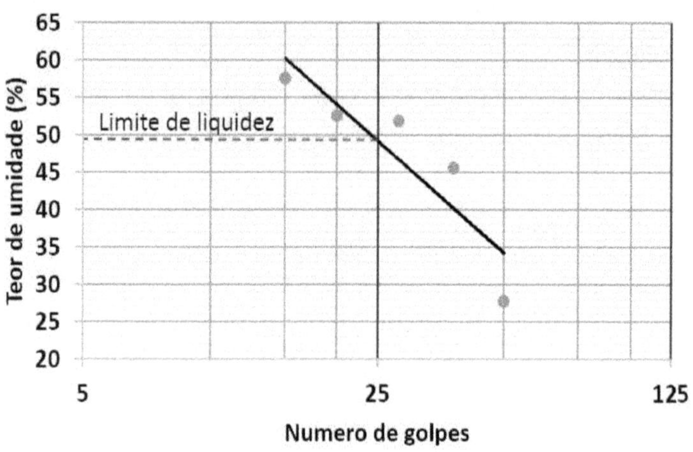

Figura 4.8. Gráfico do limite de liquidez do solo em questão. LL = 48%.

Exemplo 4.2. Encontre o limite de plasticidade do solo de acordo com os dados de laboratório expressos na tabela 4.4.

Tabela 4.4. Resultados de ensaio de limite de plasticidade de solo.

Ensaio	Cápsula (g)	Cápsula + solo (g)	Cápsula + solo seco (g)	h (%)
1	5,59	11,43	10,49	
2	5,42	12,45	11,76	
3	6,51	8,34	8,09	

4	5,97	6,72	6,61	
5	5,96	7,07	6,91	

Resolução
Completar a tabela com o cálculo do teor de umidade conforme tabela 4.5.

Tabela 4.5. Tabela completa para ensaio de limite de plasticidade.

Ensaio	Cápsula (g)	Cápsula + solo (g)	Cápsula + solo seco (g)	h (%)
1	5,59	11,43	10,49	19,18
2	5,42	12,45	11,76	10,88
3	6,51	8,34	8,09	15,82
4	5,97	6,72	6,61	17,19
5	5,96	7,07	6,91	16,84

Encontrar o limite de plasticidade através da média aritmética dos teores de umidades encontrados. Desprezar os teores de umidade que apresentar mais de 5% de diferença da média encontrada.

$$LP = \frac{19{,}18 + 10{,}88 + 15{,}82 + 17{,}19 + 16{,}84}{5}$$

$$LP = 0{,}1598$$

$$LP = 15{,}98\%$$

Exemplo 4.3.

Durante analise de um solo argiloso os resultados apresentaram LL = 47%, LP = 22% e IC = 0,51. Qual a quantidade de água necessária a ser adicionada à 1 ton deste solo reduzindo o índice de consistência para 0,3?

Resolução:

Fazer o cálculo para 1 kg deste solo e depois multiplicar para 1000 kg.

a) Para IC = 0,51

Assim, podemos encontrar o volume de água contido em 1 kg deste solo iniciando com cálculos para o IC = 0,51.

Do índice de consistência podemos encontrar o valor do teor de umidade deste solo de acordo com o desenvolvimento abaixo:

$$IC = \frac{LL - h}{IP}$$

Onde, isolando o teor de umidade teremos:

$$h = LL - (IP\,.IC)$$

Sabendo que:

$$IP = LL - LP = 47 - 22 = 25\%$$
$$h = LL - (IP\,.IC)$$
$$h = 47 - (25\,.0{,}51)$$
$$h = 34{,}25\%$$

Da relação de peso do solo temos:

$$P = P_a + P_s$$

Onde,

$$P_a = h.P_s$$

$$P = h.P_s + P_s$$

$$P = P_s(h + 1)$$

$$P_s = \frac{P}{h + 1}$$

$$P_s = \frac{1000}{0,3425 + 1}$$

$$P_s = 744,87g$$

Com isso podemos encontrar o peso da água e, consequentemente, o volume de água:

$$P_a = P - P_s$$

$$P_a = 1000 - 744,87$$

$$P_a = 255,13g$$

$$\gamma_a = \frac{P_a}{V_a}$$

Onde,

$$V_a = \frac{P_a}{\gamma_a}$$

$$V_a = \frac{255,13g}{\frac{1g}{cm^3}}$$

$$V_a = 255{,}13cm^3 = 255{,}13ml$$

b) Para IC = 0,3.

$$P_a = h.P_s$$

Onde,

$$h = LL - (IP\,.IC)$$

temos:

$$P_a = P_s(LL - (IP\,.IC))$$

$$P_a = 744{,}87.(0{,}47 - (0{,}25\,.0{,}3))$$

$$P_a = 294{,}22g$$

Equivalente a

$$V_a = 294{,}22cm^3 = 294{,}22ml$$

Assim, a quantidade de água adicionada à 1 kg deste solo é:

$$V_a = V_{a2} - V_{a1}$$
$$V_a = 294{,}22 - 255{,}13 = 39{,}09ml$$

Concluindo que para 1 ton deste solo, teremos:

$$V_a = 39{,}09\,.1000 = 39090ml$$
$$V_a = 39{,}09\ litros$$

4.1. Questões

1. De acordo com os dados obtidos de um ensaio com Aparelho de Casagrande apresentados na tabela abaixo, encontre o limite de liquidez do solo.

Tabela 4.6. Resultados de ensaio de limite de liquidez.

Ensaio	Golpes	Cápsula (g)	Cápsula + solo (g)	Cápsula + solo seco (g)	h (%)
1	41	9,23	28,92	24,46	
2	31	11,02	26,98	23,12	
3	17	11,32	27,15	23,05	
4	13	8,88	26,58	21,56	
5	11	10,9	28,52	23,18	

Resposta: LL = 33%

2. Encontrar o limite de liquidez do solo de acordo com os resultados apresentados na tabela abaixo:

Tabela 4.7. Resultados de ensaio de limite de liquidez.

Golpes	h (%)
41	48
31	50
17	53
13	55
11	56

Resposta: LL = 51%

3. Encontre o limite de liquidez do solo:

Tabela 4.8. Resultados de ensaio de limite de liquidez.

Golpes	h (%)
35	36,2
28	37,1
22	40,1
19	41,2
12	42,3
9	43,4

Resposta: LL = 38,5%

4. O estudo de consistência de um determinado solo apresentou LL igual a 61%, LP igual a 25% e IC igual a 0,53. Qual a quantidade de água a ser adicionada à 3 kg deste solo para reduzir o IC para 0,25?

Resposta: 213,07 ml

5. Uma amostra de solo argilo-arenoso apresentou os seguintes valores médios: LL = 52%, LP = 18% e h = 42%. Obter o índice de plasticidade e consistência deste solo.

Resposta: IP = 34%, IC = 0,29

6. Após análise em laboratório para determinação de limite de plasticidade, foram obtidos os seguintes dados de acordo com a tabela abaixo. Determine o limite de plasticidade deste solo.

Tabela 4.9. Resultados de ensaio de limite de plasticidade.

Ensaio	Capsula (g)	Capsula + solo úmido (g)	Capsula + solo seco (g)
1	6,8	11,38	10,67
2	6,57	10,52	9,87
3	6,04	9,47	8,98
4	6,51	10,31	9,8
5	5,89	9,26	8,79

Resposta:
LP = 17,28%

7. Calcule o Limite de Plasticidade do solo analisado e apresentado em resultados na tabela abaixo. Lembrando de excluir todos os resultados que diferem mais de 5% da média.

Tabela 4.10. Resultados de ensaio de Limite de Plasticidade.

Ensaio	Capsula (g)	Capsula + solo úmido (g)	Capsula + solo seco (g)	h (%)
1	5,59	11,43	10,49	19,18
2	5,42	12,45	11,76	10,88
3	6,51	8,34	8,09	15,82

4	5,97	6,72	6,6	19,05
5	5,96	7,07	6,86	23,33

Resposta:
LP = 18,01%

PERSONAGENS IMPORTANTES

ATTERBERG

Albert Mauritz Atterberg (19 de março de 1846 - 4 de abril de 1916) foi um químico e cientista agrícola sueco que criou os Limites de Atterberg, que são comumente referidos por engenheiros geotécnicos e geólogos de engenharia hoje. Na Suécia, ele é igualmente conhecido por criar a escala granulométrica de Atterberg, que continua sendo usada. Recebeu seu Ph.D. em química pela *Uppsala University* em 1872 trabalhando como professor de química até 1877, período em que viajou pela Suécia e no exterior para estudar os últimos desenvolvimentos em química orgânica. Tornou–se diretor da Estação Química e do Instituto de Controle de Sementes em Kalmar, publicando vários artigos sobre pesquisa agrícola lidando com a classificação de variedades de aveia e milho entre 1891 e 1900. Aos cinquenta e quatro anos Atterberg, continuando seu trabalho em química, começou a concentrar seus esforços na classificação e plasticidade dos solos, pelos quais ele é mais lembrado. Atterberg foi aparentemente o primeiro a sugerir o limite <0,002 mm como uma classificação para partículas de argila. Ele descobriu que a plasticidade era uma característica particular da argila e, como resultado de suas investigações, chegou aos limites de consistência que levam seu nome hoje. Ele também realizou estudos com o objetivo de identificar os minerais específicos que conferem a um solo argiloso sua natureza plástica. O trabalho de Atterberg na classificação do solo ganhou reconhecimento formal da Sociedade Internacional de Ciência do Solo em uma Conferência de Berlim em 1913. O Bureau de Química e Solos dos EUA (*U.S. Bureau of Chemistry and Soils*) o adotou em 1937. Entretanto, a importância do trabalho de Atterberg nunca foi plenamente percebida em seu próprio campo da ciência agrícola, nem em outros assuntos relacionados com argilas, como a cerâmica. Sua introdução no campo da engenharia geotécnica deveu-se a Karl Terzaghi, que percebeu sua importância em um estágio relativamente inicial de sua pesquisa. O assistente de Terzaghi, Arthur Casagrande, padronizou os testes em seu artigo em 1932 e os procedimentos têm sido seguidos em todo o mundo desde então (Wikipedia, 2021).

Wikipedia contributors. (2021, November 3). Albert Atterberg. In Wikipedia, The Free Encyclopedia. Retrieved 01:02, July 27, 2022, from https://en.wikipedia.org/w/index.php?title=Albert_Atterberg&oldid=1053404822

CASAGRANDE

Arthur Casagrande (28 de agosto de 1902 - 6 de setembro de 1981) foi um engenheiro civil americano nascido na Áustria-Hungria que fez importantes contribuições para os campos da geologia de engenharia e engenharia geotécnica durante sua infância. Reconhecido por seus projetos engenhosos de aparelhos de teste de solo e pesquisa fundamental sobre infiltração e liquefação do solo, ele também é creditado por desenvolver o programa de ensino de mecânica do solo na Universidade de Harvard durante o início da década de 1930, que desde então foi modelado em muitas universidades ao redor do mundo. [...] Jovem, influenciado por seus parentes com formação em engenharia mecânica e química, graduou-se na *Technische Hochschule* (TH) em Viena com um diploma de engenharia civil em 1924, depois do qual continuou trabalhando lá como assistente em tempo integral do professor Schaffernak no laboratório de hidráulica.

Após a dissolução da Áustria-Hungria após a Primeira Guerra Mundial, [...], em 1924 apostou na mudança para os Estados Unidos [...]. Ao visitar o *Massachusetts Institute of Technology* (MIT) para uma entrevista de emprego, conheceu Karl Terzaghi, que acabara de chegar, e imediatamente lhe ofereceram a oportunidade de trabalhar como seu assistente particular.
De 1926 a 1932, Casagrande trabalhou como assistente de pesquisa no *Bureau of Public Roads* dos EUA, atribuído ao MIT, onde auxiliou Terzaghi em seus numerosos projetos de pesquisa direcionados ao aprimoramento de aparelhos e técnicas para testes de solo. Quando Terzaghi assumiu uma cátedra em Viena em 1929, após uma curta passagem pelo MIT, Casagrande viajou com ele para ajudá-lo a montar o laboratório que mais tarde se tornaria um dos mais famosos centros de pesquisa em mecânica dos solos. Ele também aproveitou a oportunidade da turnê visitando todos os laboratórios de mecânica dos solos na Europa na época. Quando retornou ao MIT alguns meses depois, havia adquirido um conhecimento profundo do estado da arte nesse campo. Enquanto no MIT, ele desenvolveu o aparelho de Limite de Liquidez, o teste do hidrômetro, o teste capilar horizontal, o odômetro e a caixa de cisalhamento, que ainda formam os protótipos dos atuais. [...]. Em 1932, Casagrande mudou-se para a Universidade de Harvard, onde mais tarde seria promovido a uma cadeira recém-criada de mecânica dos solos e engenharia de fundações em 1946. Lá ele rapidamente estabeleceu uma escola de ensino e pesquisa de pós-graduação que veria o número de alunos crescer de 12 em 1932 para mais de 80 após 1945. [...]

Casagrande também foi creditado por organizar a primeira Conferência Internacional sobre Mecânica dos Solos e Engenharia de Fundações (*International Conference on Soil Mechanics and Foundation Engineering*) em 1936, que Terzaghi considerou uma aposta muito grande, dado o estágio inicial da mecânica dos solos na época. A conferência, no entanto, acabou sendo um sucesso, levando o estabelecimento da Sociedade Internacional de Mecânica dos Solos e Engenharia Geotécnica (*International Society for Soil Mechanics and Geotechnical Engineering*) e estabeleceu legitimamente a mecânica dos solos como uma parte essencial da engenharia civil. Alec Skempton, outro pioneiro no campo, mais tarde se referiria ao período entre a publicação de Erdbaumechanik (Soil Mechanics) por Terzaghi em 1925 e a primeira Conferência Internacional como o período formativo vital da mecânica dos solos moderna. [...]

Wikipedia contributors. (2021, April 30). Arthur Casagrande. In Wikipedia, The Free Encyclopedia. Retrieved 00:57, July 27, 2022, from https://en.wikipedia.org/w/index.php?title=Arthur_Casagrande&oldid=1020711821

5. PERMEABILIDADE

A propriedade relacionada a passagem de fluido através de um determinado material é conhecida como permeabilidade. Em solos, esta propriedade, encontra-se ligada a porosidade, empacotamento e seleção dos grãos minerais, tipos e quantidade de argila. Destes, a porosidade é o fator fundamental, sendo influenciada diretamente pelos demais fatores citados. Em análise de solos o estudo de permeabilidade é obtido em grande parte através da Lei de Darcy, desenvolvida pelo engenheiro francês Henry Philibert Gaspard Darcy:

$$(5.1)\ v = ki$$

$$(5.2)\ q = kiA$$

$$(5.3)\ i = \frac{\Delta h}{L}$$

Onde, v = velocidade de percolação

k = condutividade hidráulica ou coeficiente de permeabilidade

i = gradiente hidráulico

Δh = perda de carga

q = vazão

A = área da seção transversal

Esta equação é modificada dependendo do tipo de ensaio realizado, como os exemplos de ensaios de carga constante e carga variável. O primeiro aplicado para solos arenosos e o segundo para solos com maior conteúdo de argila.

No ensaio de carga constante o nível superior da água se mantém estável durante o teste (figura 5.1). Isto é obtido deixando a passagem da água através da amostra por alguns minutos, seguido do ajuste da entrada de água. Após alcançar a estabilidade é recolhido o volume de água marcando o tempo de coleta. Para o cálculo de permeabilidade a Lei de Darcy é modificada como mostra a equação (5.4).

$$(5.4)\ k = \frac{QL}{Aht}$$

Onde, Q = volume de água

L = distância percorrida pelo fluido

A = área da seção transversal

t = tempo de coleta

h = perda de carga ou diferença dos níveis hidrostáticos

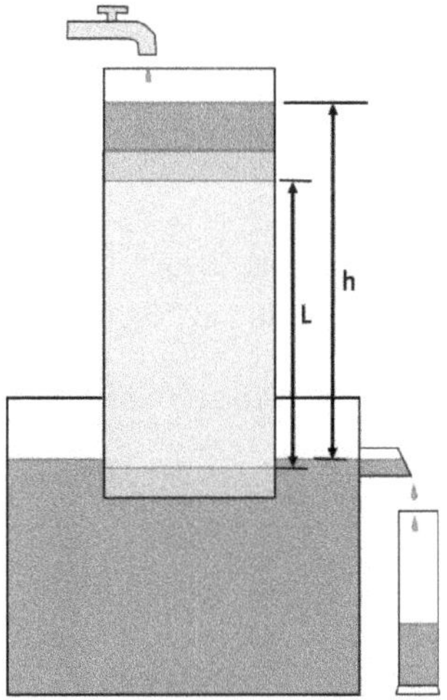

Figura 5.1. Ensaio de permeabilidade de carga constante. Modificado de DAS (2011)

Para solos argilosos, os quais apresentam permeabilidade muito baixa, tornando o ensaio anterior inviável, é realizado o teste com carga variável (figura 5.2). Neste, a água fluindo através da amostra é adicionada em um piezômetro. São registrados a medida inicial do nível de água (h_1) e a medida final (h_2), assim como o tempo de ensaio. Os dados podem ser quantificados e acordos com as equações (5.5) e (5.6):

$$(5.5)\ q = \frac{khA}{L}$$

$$(5.6)\ k = 2{,}303\left(\frac{aL}{At}\right)\log\left(\frac{h_1}{h_2}\right)$$

Onde, *a* = área da seção transversal do piezômetro

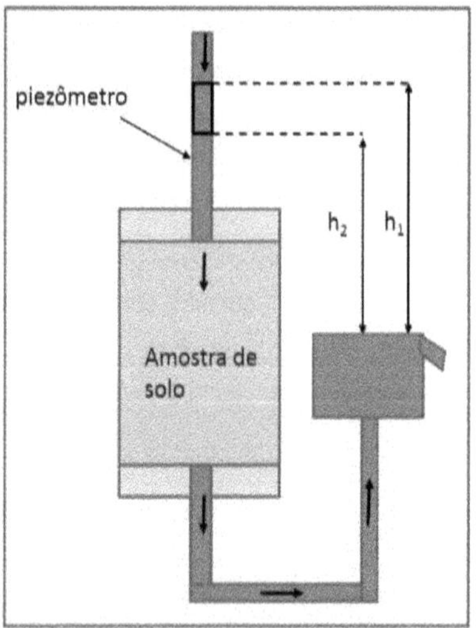

Figura 5.2. Modelo de ensaio de permeabilidade com carga variável.

Em trabalhos de campo em poços ou furos de sondagem com piezômetros a permeabilidade pode ser medida através de bombeamento seguido da determinação do raio e influência (figura 5.3). Neste caso o furo principal é bombeado sendo medido os níveis de água dos piezômetros e do poço. Após a determinação das medidas de nível e da vazão constante, pode-se calcular a permeabilidade do solo e rochas sedimentares ou outras rochas porosas através das equações descritas abaixo:

$$(5.7)\ k = \frac{2{,}303.q.\log\left(\frac{r_1}{r_2}\right)}{\pi(h_1^2 - h_2^2)}$$

Onde, q = vazão

r_1 = distância do poço ao piezômetro mais distante

r_2 = distância do poço ao piezômetro mais próximo

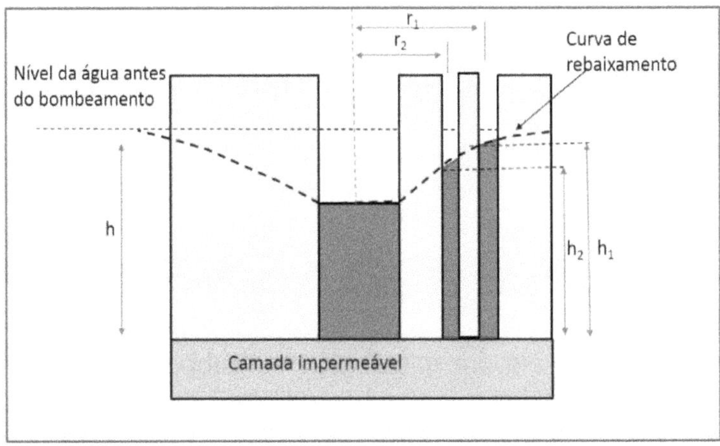

Figura 5.3. Modelo representativo de teste de permeabilidade em poços e furos de sondagem.

Exemplo 5.1. Em um teste de permeabilidade com carga constante em solo areno-argiloso apresentou as seguintes medidas: comprimento da amostra igual a 12 cm, diferença dos níveis de água igual a 27 cm, diâmetro da amostra igual a 5 cm, quantidade de água coletada em 15 minutos igual a 300 ml. Calcular o coeficiente de permeabilidade deste solo.

Resolução: utilizando a equação (5.4) podemos encontrar o que se pede na questão.
Primeiro precisamos encontrar a área da seção transversal da amostra através da área da circunferência, pois o recipiente do permeâmetro é um tubo cilíndrico.

Assim,
$A = \pi.r^2 = \pi\ (2,5)^2 = 19,63\ cm^2$
Então,

$$k = \frac{QL}{Aht}$$

$$k = \frac{300\,.\,12}{19,63\,.\,27\,.\,15}$$

$$k = 0,4528 cm/min = 7,54.10^{-3} cm/s$$

Exemplo 5.2. Para um ensaio de permeabilidade de carga decrescente são dados os seguintes valores:
Comprimento da amostra = 200 mm
Área da amostra de solo = 9000 mm^2
Área do piezômetro = 40mm^2
Diferença de carga no início do ensaio = 500mm
Diferença de carga ao final do ensaio = 300mm

Tempo = 480 s
Determine a condutividade hidráulica do solo em cm/s.

Resolução:
Para ensaio de carga variável podemos utilizar a equação (5.6).

$$k = 2{,}303\left(\frac{aL}{At}\right)\log\left(\frac{h_1}{h_2}\right)$$

$$k = 2{,}303\left(\frac{40\,.\,200}{9000\,.\,480}\right)\log\left(\frac{500}{300}\right)$$

$$k = 9.\,10^{-4} mm/s = 9.\,10^{-5} cm/s$$

5.1. Redes de fluxo

O estudo de permeabilidade também é bastante utilizado em obras de terra como é o caso de análise de vazão de percolação em barragens. Análise que apresenta-se fundamental para cálculos e realização de projetos em obras para contenção de rejeitos, represamento de rios para geração de energia elétrica ou abastecimento de água para uma cidade. Todavia, a água em contato com o solo e parede das barragens encontrará poros ou fissuras permitindo sua passagem. A medida da quantidade de água que se perde durante percolação em solos e rochas, neste caso é importante para controle e segurança da obra.

Este trabalho é realizado através de furos de sondagens para coleta de amostras dos solos e rochas no local de instalação da barragem. É feita a determinação da permeabilidade vertical (k_z)

e horizontal (k_x), seguido de porosidade das amostras representativas dos perfis. Assim como a permeabilidade de todos as camadas de materiais usadas na construção da barragem.

A percolação da água em solos, rochas porosas e material da barragem é analisada através das redes de fluxo. Estudo utilizando canais de fluxo e quedas de potencial hidráulico. A água migrando de montante para a jusante da barragem é interpretada como linhas de fluxo, onde o espaço entre as linhas forma o canal de fluxo (figura 5.4). Os pontos nas linhas de fluxo que apresentam mesmo valor de pressão hidrostática são interligados pelas linhas equipotenciais. Determinando as quedas de potenciais ao longo do percurso (figura 5.5). O traçado das linhas de fluxo e das equipotenciais formam a rede de fluxo.

A distância entre as linhas de fluxo e das equipotenciais é realizada deixando a área formada pelo cruzamento de ambas o mais próximo possível de elementos quadrados (figura 5.5).

Assim, por meio da contagem de números de canais e número de quedas de potencial, associada com a permeabilidade do meio, é possível medir a perda por vazão de percolação através das equações:

$$(5.8)\ q = \frac{k(H.N_f)}{N_d}$$

Para solos isotrópicos.

$$(5.9)\ q = k\sqrt{k_x k_z}.\left(\frac{H.N_f}{N_d}\right)$$

Para solos anisotrópicos.

Onde, q = vazão

H = diferença entre os níveis de água de montante e jusante.
N_f = número e canais de fluxo
N_d = número de quedas de potencial.
(k_z) = permeabilidade vertical
(k_x) = permeabilidade horizontal

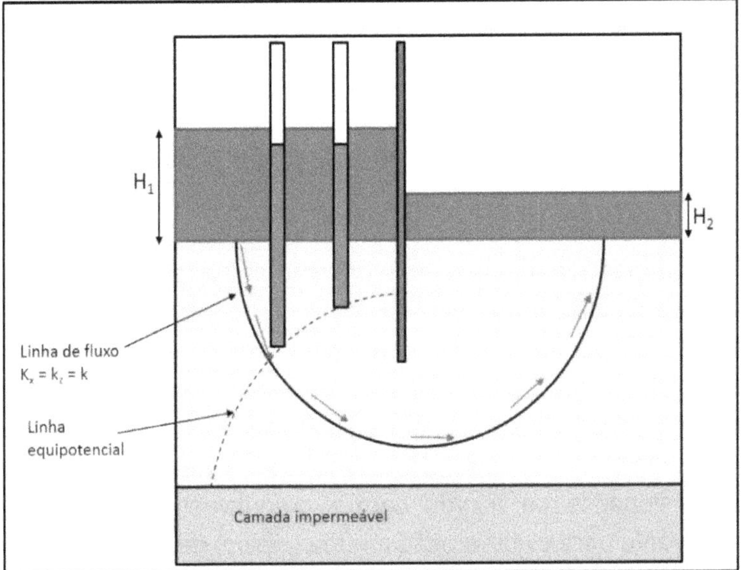

Figura 5.4. Linhas de fluxo e equipotenciais formadas durante percolação da água em barragem de estaca-prancha.

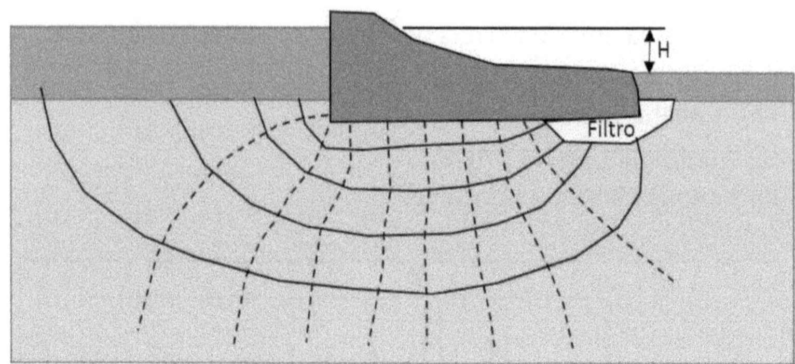

Figura 5.5. Representação de rede de fluxo em barragem com filtro de pé em solo isotrópico. N_f = 5, N_d = 9. k_x=k_z=k. Modificado de DAS (2011).

A permeabilidade, através e próximo as barragens, deve ser controlada através do uso de filtros, os quais compreendem partes construídas para drenagem controlada permitindo estabilidade da obra. Estes são construídos em diversos formatos, podendo ser internos ou na base jusante da barragem. Chamados de filtros drenantes e tapetes drenantes. Dimensionados de acordo com a granulometria do material envolvente para evitar erosão interna (*piping*) de barragens.

Exemplo 5.3. Calcule a vazão por permeabilidade de uma seção da barragem apresentada na figura 5.5 em m^3/dia/m. observando que a mesma possui:

H = 6 m

k_x = 3x10^{-3} cm/s

k_z = 2x10^{-5} cm/s

Resolução:

De acordo com os dados de permeabilidade percebe-se que se trata de solo anisotrópico com coeficiente de permeabilidade vertical e horizontal consideravelmente diferentes. Assim, através da equação 5.9, podemos encontrar a perda de água por percolação na barragem.

$$q = k\sqrt{k_x k_z}.\left(\frac{H.N_f}{N_d}\right)$$

Ajustar as unidades:

k_x = 3x10^{-3} cm/s = 3x10^{-5} m/s

k_z = 2x10^{-5} cm/s = 2x10^{-7} m/s

Assim, inserir os valores na equação:

$$q = \sqrt{3.10^{-5}.2.10^{-7}}.\left(\frac{6.5}{9}\right)$$

$$q = 8{,}16.10^{-6} m^3/s/m$$

$$q = 0{,}705 m^3/dia/m$$

Exemplo 5.4: Considerando que a barragem do exemplo anterior possui extensão lateral de 600 m com características do solo semelhante ao apresentado, qual seria a perda por percolação média por dia?

Resolução:

Se para um metro de extensão lateral encontramos q = 0,705 m^3/dia/m, multiplicando este valor para toda a extensão lateral teremos:

$$q_{total} = 0{,}705.600 = 423 m^3/dia$$

5.2. Questões

1. Durante um ensaio de permeabilidade de solo com carga constante foram obtidos os seguintes resultados:

L = 28 cm

A = 180 cm^2

h = 47 cm

Volume de água coletada em 20 minutos igual a 400 ml.

Calcular a condutividade hidráulica deste solo em cm/s.

Reposta: $1,1x10^{-3}$ cm/s

2. Ao ser analisado um solo com permeabilidade de carga variável foram obtidos os seguintes dados:

L = 250 mm

A = 12 cm^2

a = 0,42 cm^2

Diferença de carga inicial igual a 400 mm

Diferença de carga final igual a 320 mm

Tempo de ensaio igual a 300 s.

Calcular a condutividade hidráulica deste solo.

Resposta: $6,5x10^{-4}$ cm/s

3. Calcule a vazão em m^3/dia/m através da camada permeável por unidade de comprimento da barragem representada na figura 5.5 de acordo com a rede de fluxo. Considerando $k_x = k_z = k = 5x10^{-3}$ cm/s e H = 8m.

Resposta: 19,3 m^3/dia/m

PERSONAGENS IMPORTANTES

HENRY DARCY

Henry Philibert Gaspard Darcy (1803 - 1858) foi um engenheiro francês que fez várias contribuições importantes para a hidráulica, incluindo a Lei de Darcy para fluxo em meios porosos. Darcy nasceu em Dijon, França. [...] Em 1821 matriculou-se na *École Polytechnique* (Escola Politécnica) em Paris, e transferiu-se dois anos depois para a Escola de Pontes e Estradas, o que o levou ao emprego nesta instituição. Como membro do Corpo, ele construiu um sistema adequado de distribuição de água pressurizada em Dijon após o fracasso das tentativas de fornecer água doce adequada por meio da perfuração de poços. O sistema transportava água de Rosoir Spring a 12,7 quilômetros de distância através de um aqueduto para reservatórios próximos à cidade, que então alimentavam uma rede de 28.000 metros de tubos pressurizados que transportavam água para grande parte da cidade. O sistema era totalmente fechado e acionado por gravidade e, portanto, não exigia bombas com apenas areia atuando como filtro. Ele também esteve envolvido em muitas outras obras públicas dentro e ao redor de Dijon, bem como na política do governo da cidade de Dijon.

Durante este período, ele modificou a equação de Prony para calcular a perda de carga devido ao atrito, que após modificação adicional por Julius Weisbach se tornaria a conhecida equação de Darcy-Weisbach ainda em uso hoje. Em 1848 tornou-se engenheiro-chefe do departamento do qual Dijon é a capital. Logo depois, ele deixou Dijon devido à pressão política, mas foi promovido a Diretor-Chefe de Água e Pavimentos e assumiu o cargo em Paris. Enquanto estava nessa posição, ele conseguiu se concentrar mais em sua pesquisa hidráulica, especialmente nas perdas de fluxo e atrito em tubos. Durante este período ele melhorou o design do tubo de Pitot, essencialmente na forma usada hoje. Renunciou ao cargo em 1855 devido a problemas de saúde, mas foi autorizado a continuar sua pesquisa em Dijon. Entre 1855 e 1856 ele realizou experimentos onde a água fluía através de uma coluna cheia de areia que estabeleceu o que ficou conhecido como a **Lei de Darcy**. Inicialmente desenvolvido para descrever o fluxo através de areias, desde então foi generalizado para uma variedade de situações e é amplamente utilizado hoje, por exemplo, para calcular a resistência de qualquer tipo de fluxo de meio poroso. A unidade de medida de permeabilidade material, o Darcy, é nomeado em sua homenagem.

Wikipedia contributors. (2021, December 13). Henry Darcy. In Wikipedia, The Free Encyclopedia. Retrieved 01:21, July 27, 2022, from https://en.wikipedia.org/w/index.php?title=Henry_Darcy&oldid=1060104595

6. COMPACTAÇÃO

O trabalho de compactação de solo tem como objetivo aumentar a densidade do material através da expulsão de fluidos contidos na porosidade por meio de energia mecânica. Isto é realizado durante trabalhos de preparação de terrenos para aumentar a resistência e garantir a estabilidade em construção de rodovias, aterros, e obras de terra em geral.

No campo este trabalho é feito por meio de máquinas de tamanhos variados como rolo compactador pé-de-carneiro ou liso, compactador de solo ou placa vibratória. No entanto, o solo a ser compactado precisa de análise preliminar a qual ´é feita através de ensaios de compactação para determinação da umidade ótima de compactação e peso específico seco máximo, além de expansão e Índice de Suporte Califórnia (ISC) ou *Californian Bearing Ration* (*CBR*). Estes dados garantem a qualidade em serviços de adensamento por meio de compactação.

6.1. Curva de compactação

Um dos primeiros trabalhos é a criação da curva de compactação por meio do método Teste de Compactação Proctor, utilizando cilindros e soquetes de acordo com a energia de compactação definida (Tabela 6.1).

Após a definição procede-se a preparação da amostra com destorroamento, peneiramento (abertura = 4,75 mm) para retirada de pedregulho e adição de água deixando-a com baixo teor de umidade. Porção da amostra é adicionada ao cilindro correspondendo a primeira camada. O soquete é posicionado sobre o solo e é iniciado a aplicação dos golpes (figura 6.1). Os golpes são aplicados erguendo a haste do soquete a altura máxima e soltando-o para cair em queda livre.

Neste procedimento, o soquete pequeno, por exemplo, possui uma queda livre aproximada de 305 mm com peso de 2500 g. O impacto causará a expulsão de ar e água da amostra, reduzindo o volume inicial, promovendo aumento de densidade do material (figura 6.1).

Este procedimento é repetido em todas as camadas até preencher todo cilindro. Após a compactação é retirado o colarinho, realizado o rasamento com régua removendo o excesso, deixando o corpo de prova com o volume interno do cilindro (figura 6.2).

Tabela 6.1. Definição de material e método utilizado para compactação de solo em laboratório segundo NBR 7182.

Cilindro	Características inerentes a energia de compactação	Energia normal	Energia intermediária	Energia modificada
Pequeno	Soquete	Pequeno	Grande	Grande
	Número de camadas	3	3	5
	Número de golpes por camada	26	21	27
Grande	Soquete	Grande	Grande	Grande
	Número de camadas	5	5	5
	Número de golpes por camada	12	26	55
	Altura do disco espaçador (mm)	63,5	63,5	63,5

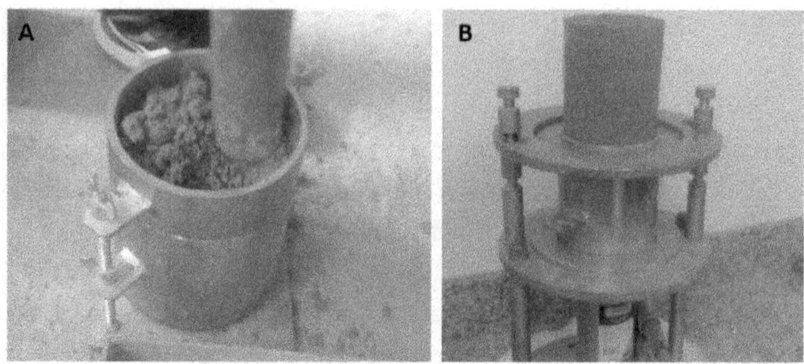

Figura 6.1. A - compactação de solo em cilindro pequeno Proctor. B - Remoção de corpo de prova de solo compactado. Fonte: Centro Universitário FAMETRO.

Em seguida o corpo de prova de solo compactado é pesado para cálculo do peso específico seco. Repete-se o procedimento, adicionando água a cada nova compactação, gerando pelo menos cinco corpos de prova. Número suficiente para formar a curva de compactação. Ao final são calculados os teores de umidade e o peso específico seco de cada corpo de prova através das equações:

$$(6.1)\ h = \frac{(P + P_{cap}) - (P_s + P_{cap})}{(P_s + P_{cap}) - (P_{cap})}$$

$$h = \frac{P_a}{P_s}$$

$$(6.2)\ \gamma_d = \frac{P_c . 100}{V_c(100 + h)}$$

Onde, h = teor de umidade

γ_d = peso específico seco
P = peso do solo úmido
P_{cap} = peso da cápsula
P_s = peso dos sólidos ou peso do solo seco
P_c = peso do solo compactado
V_c = volume do solo compactado

Figura 6.2. A – adicionando camadas de solo no cilindro para compactação. B – rasamento para retirada de excesso de solo compactado.

No gráfico formado pelo teor de umidade e peso específico seco, o ápice da curva corresponde aos valores de umidade ótima (h_{ot}) e o peso específico seco máximo (γ_{dmax}) (figura 6.3). As curvas apresentam valores diferentes de peso específico seco máximo e umidade ótima de acordo com a energia de compactação utilizada. Estes dois parâmetros são fundamentais para calcular a quantidade água adicionada e energia despendida em uma camada de solo durante trabalhos de compactação.

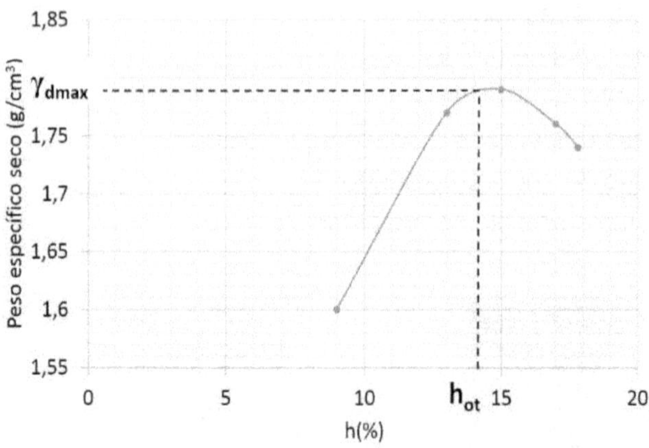

Figura 6.3. Curva de compactação com determinação dos valores de umidade ótima e peso especifico seco máximo.

Exemplo 6.1: Em um ensaio de solo em laboratório para composição da curva de compactação foram obtidos os seguintes dados apresentados na tabela abaixo. De acordo com estas informações determine a umidade ótima e o peso especifico seco máximo para compactação deste solo.

Tabela 6.2. Dados obtidos de ensaio de compactação em laboratório.

Corpo de prova	Solo compactado (g)	Peso da cápsula (g)	Cápsula + solo (g)	Cápsula + solo seco (g)
1	1685,87	157,2	248,36	241,21
2	2016,06	158,92	264,15	254,07
3	2125,57	161,45	305,84	290,57
4	2131,26	226,81	367,08	349,78
5	2069,16	236,99	343,55	328,73

Resolução: A partir das informações sobre peso dos materiais deve-se realizar os cálculos de teor de umidade e peso específico seco através das equações (6.1) e (6.2).

Teor de umidade

$$h = \frac{(P + P_{cap}) - (P_s + P_{cap})}{(P_s + P_{cap}) - (P_{cap})}$$

$$h = \frac{248{,}36 - 241{,}21}{241{,}21 - 157{,}2}$$

$$h = 0{,}085 = 8{,}51\%$$

Cálculo do peso especifico seco utilizando o volume padrão do cilindro de compactação igual a 1000 cm^3:

$$\gamma_d = \frac{P_c . 100}{V_c(100 + h)}$$

$$\gamma_d = \frac{1685{,}87 . 100}{1000(100 + 8{,}51)}$$

$$\gamma_d = 1{,}55 g/cm^3$$

Proceder estes cálculos para os demais corpos de provas compactados no ensaio, obtendo a tabela de teor de umidade e peso específico seco:

Tabela 6.3. Valores de teor de umidade e peso específico seco do solo analisado.

h (%)	γ_d (g/cm^3)

8,5	1,55
10,6	1,82
11,8	1,90
14,1	1,87
16,2	1,78

Assim, podemos construir o gráfico destes dois parâmetros e encontrar a umidade ótima e peso específico seco máximo para compactação deste solo (figura 6.4).

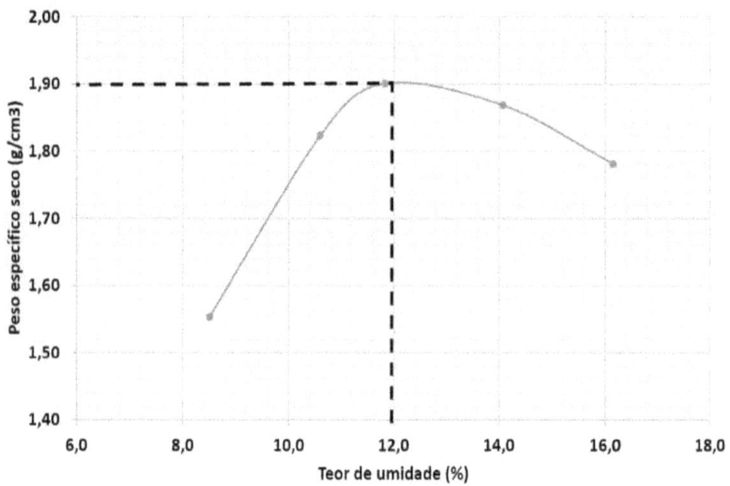

Figura 6.4. Curva de compactação de ensaio Proctor Normal.

Concluindo assim, de acordo com o gráfico acima, que a umidade ótima de compactação deste solo é de 12%, enquanto o peso específico seco máximo é igual a 1,9 g/cm^3.

6.2. Questões

1. A tabela abaixo representa os dados de compactação de solos em laboratório no método normal Proctor. O ensaio foi realizado com energia normal de compactação. Faça a curva de compactação e encontre a umidade ótima e o peso específico seco máximo.

Tabela 6.4. Resultados de ensaio de compactação de solos.

h (%)	γ_d (g/cm³)
9	1,6
13	1,77
15	1,79
17	1,76
17,8	1,74

Resposta:

h_{ot} = 14,5 %

γ_{dmax} = 1,78 g/cm³

2. Encontre a umidade ótima de compactação e o peso específico seco máximo do solo abaixo submetido a ensaio de compactação. O ensaio foi realizado com cilindro pequeno Proctor com capacidade de 1000 cm^3.

Tabela 6.5. Resultados de ensaio de compactação de solo com energia normal de compactação.

Solo compactado (g)	Cápsula (g)	Cápsula + solo (g)	Cápsula + solo seco (g)
1370	38,78	112,08	106,08
1450	37,22	103,42	97,13
1520	37,88	110,86	102,83
1560	37,86	111,36	102,05
1540	39,08	128,93	116,12

Resposta:
h_{ot} = 14 %
γ_{dmax} = 1,36 g/cm^3

3. Após ensaio de compactação de solos com cilindro pequeno e método utilizando Energia Normal de compactação, apresentado na tabela 6.1, foram obtidos os resultados apresentados abaixo. Assim, calcule a umidade ótima e o peso especifico seco máximo de compactação deste solo.

Tabela 6.6. Resultados de ensaio em laboratório para compactação de solos.

Solo compactado (g)	Capsula (g)	Capsula + solo (g)	Capsula + solo seco (g)
1704,81	6,78	40,95	39,13
1830,47	6,03	39,61	37,05
2109,1	6,52	32,49	29,98
2096,02	6,59	40,3	35,34

Respostas:
h_{ot} = 11%
γ_{dmax} = 1,91 g/cm^3

4. Após ensaio de compactação utilizando o Teste de Compactação Proctor foram adquiridos os seguintes dados abaixo. Assim, calcule a umidade ótima e o peso especifico seco máximo de compactação deste solo.

Tabela 6.7.

Solo compactado (g)	Capsula (g)	Capsula + solo (g)	Capsula + solo seco (g)
1715,64	6,8	37,71	36,4
1761,41	6,03	44,03	41,25
2028,55	6,51	37,05	34,42
2131,87	6,57	43,43	39,44
2144,56	5,89	37,68	34,03
2087,43	5,41	54,39	47,97

Respostas:
h_{ot} = 12,5%
γ_{dmax} = 1,91 g/cm^3

7. TENSÃO VERTICAL

A sobrecarga exercida a partir do peso do solo em qualquer profundidade é conhecida como tensão vertical total (σ_v). Esta tensão encontra-se relacionada a outras duas tensões atuantes que são a tensão efetiva (σ') e tensão neutra(μ). Destas, a tensão efetiva é aquela exercida nos pontos de contato entre os grãos minerais e tensão neutra é exercida pela água nos poros, também conhecida como poropressão. A relação entre estas pressões é expressa na equação abaixo:

$$(7.1)\ \sigma_v = \sigma' + \mu$$

Correlacionado a tensão vertical total com o peso específico do solo, temos:

$$\sigma_v = \frac{P}{A} = \frac{\gamma V}{A} = \gamma Z$$

$$(7.2)\ \sigma_v = \gamma Z$$

Onde, γ= peso específico do solo.
z = profundidade do solo ou espessura da camada de solo.

Assim, apesar de sabermos que a tensão aumenta com a profundidade, este aumento também está relacionado com o tipo de componente sólido e do nível da água subterrânea. Criando um aumento diferente em cada camada de solo quando observado através do diagrama de tensão em perfil geotécnico (figura 7.1). Estas mudanças são bem marcadas entre camadas arenosas, argilosas e aquelas formadas por seixo e areia grossa.

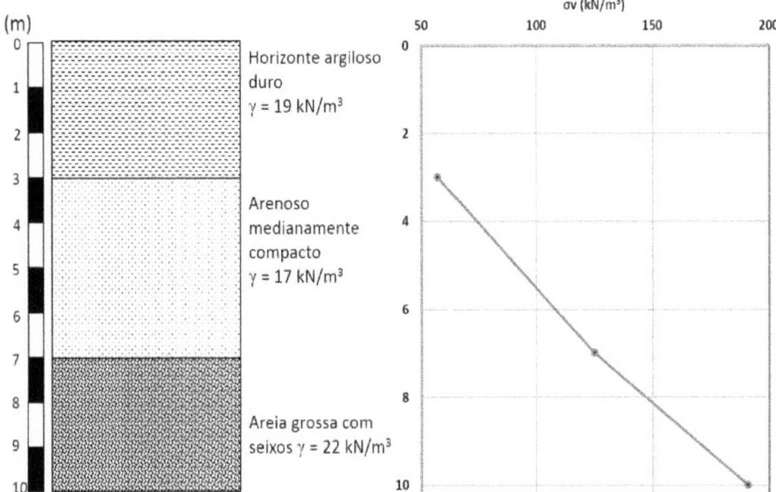

Figura 7.1. Perfil geotécnico de solo com diagrama de tensões verticais totais.

Exemplo 7.1. A figura abaixo representa o perfil geotécnico de um solo após trabalhos de sondagem. Calcule a pressão vertical total na base da camada de argila.

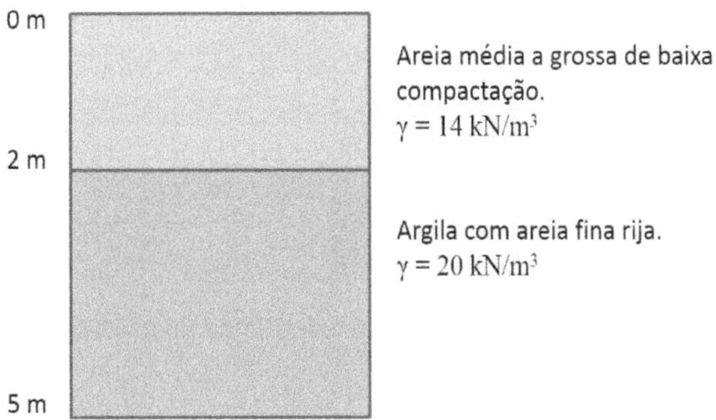

Figura 7.2. Perfil geotécnico de solo.

Resolução: utilizando a equação (7.2) podemos calcular a pressão na base da argila.

$$\sigma_v = \gamma Z$$

$$\sigma_v = (\gamma_{areia}.Z_{areia}) + (\gamma_{argila}.Z_{argila})$$

$$\sigma_v = (14\,.\,2) + (20\,.\,3) = 88kN/m^2$$

Exemplo 7.2. De acordo com o perfil geotécnico apresentado abaixo, calcule a tensão efetiva, neutra e vertical total na base da areia grossa com seixo. Considerar o peso específico da água igual a 10 kN/m³.

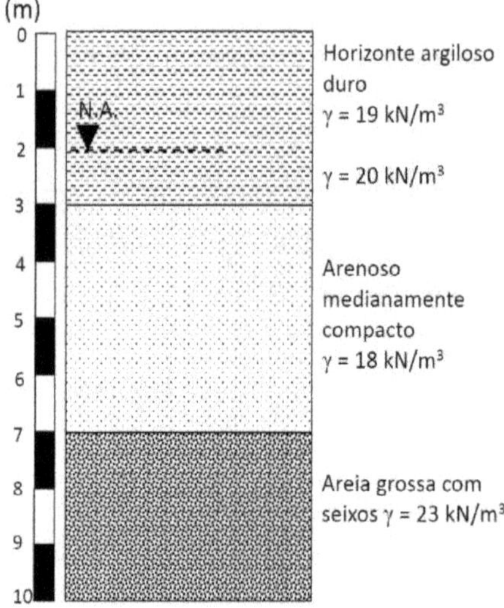

Figura 7.3. Perfil geotécnico de solo apresentando nível da água a dois metros de profundidade.

Resolução:

Primeiro pode-se encontrar a tensão efetiva como segue:

$$\sigma_v = \gamma Z$$

$$\sigma_v = (2\,.\,19) + (1\,.\,20) + (4\,.\,18) + (3\,.\,23)$$

$$\sigma_v = 199kN/m^2$$

A seguir pode-se encontrar a tensão neutra:

$$\mu = \gamma_a Z$$

$$\mu = 10\,.\,8 = 80kN/m^2$$

Então, de acordo com a equação (7.1):

$$\sigma_v = \sigma' + \mu$$

$$\sigma' = \sigma_v - \mu$$

$$\sigma' = 119kN/m^2$$

7.1. Questões

1. De acordo com a situação do solo apresentado na figura 7.2, calcule a tensão vertical total na base da camada de areia.

Resposta: 28 kN/m²

2. Considerando que o nível da água subterrânea ocorra a 1 m de profundidade no perfil de solo da figura 7.2. Calcule a tensão efetiva, a tensão neutra e a tensão vertical total na base da argila. Considerar peso especifico da água igual a 10 kN/m².

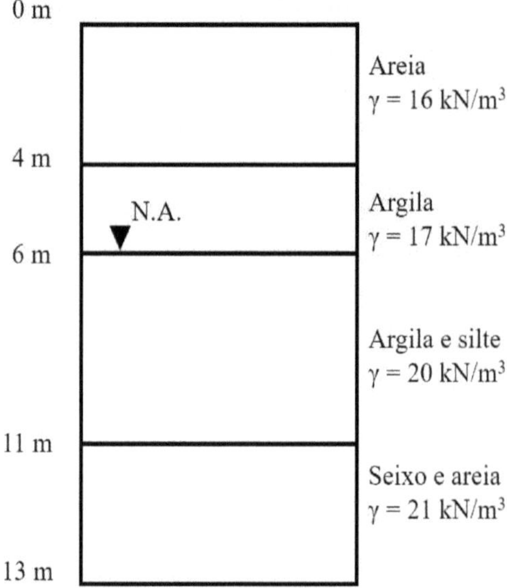

3. A figura 7.4 representa uma sondagem de solo com profundidade de 10 m. Calcule a tensão vertical total na base da camada de areia grossa.

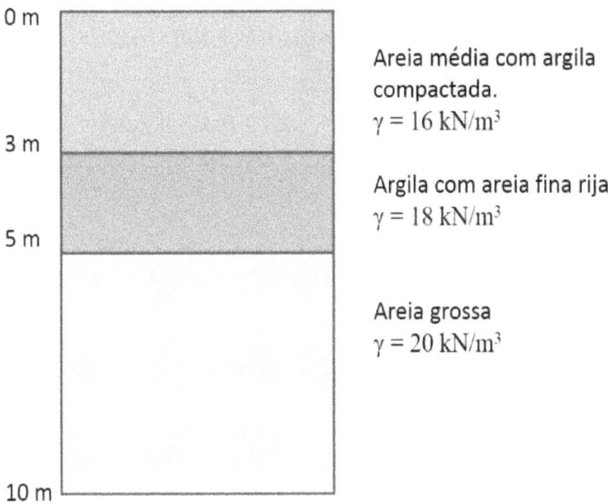

Figura 7.4. Perfil geotécnico de solo.

Resposta: 184 kN/m^2

4. De acordo com o perfil de solo abaixo, calcule a tensão vertical total, pressão neutra e tensão efetiva no contato da areia fina com o solo de alteração:

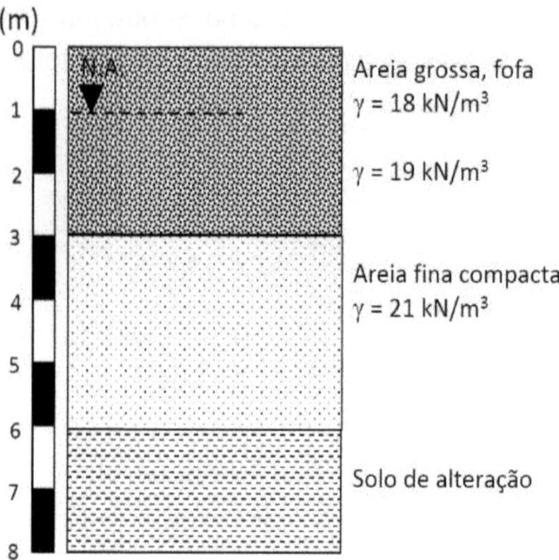

Figura 7.5. Perfil geotécnico de solo.

Resposta: σ_V = 119 kN/m^2

μ = 50 kN/m^2

σ' = 69 kN/m^2

8. RESISTÊNCIA AO CISALHAMENTO

A resistência do solo é fundamental para projetos de estabilidade de taludes, barragens, fundações, análise de pressão lateral e serviços de compactação. Neste tipo de estudo as amostras são testadas em prensas de cisalhamento direto ou triaxial (figuras 8.1 e 8.2).

Figura 8.1. Caixa de cisalhamento direto de solos. Fonte: https://theconstructor.org.

Os elementos analisados são as tensões principais maiores e menores, ângulo de atrito interno, coesão, tensão normal e tensão de cisalhamento (figura 8.3). Os dados são inseridos no Diagrama de Mohr-Coulomb para interpretação da resistência (Caputo, 1988; Pinto, 2002).

No elemento de solo apresentado na figura 8.3, o ângulo formado pelo plano de ruptura e a base da amostra encontra-se relacionado como o ângulo de atrito interno de acordo com equação (8.1):

$$(8.1)\ \theta = 45 + \frac{\varphi}{2}$$

φ = ângulo de atrito interno
τ = tensão de cisalhamento
σ_n = tensão normal

Figura 8.2. Prensa para ensaio de cisalhamento triaxial de solos. Fonte: Engineering Geology Lab.

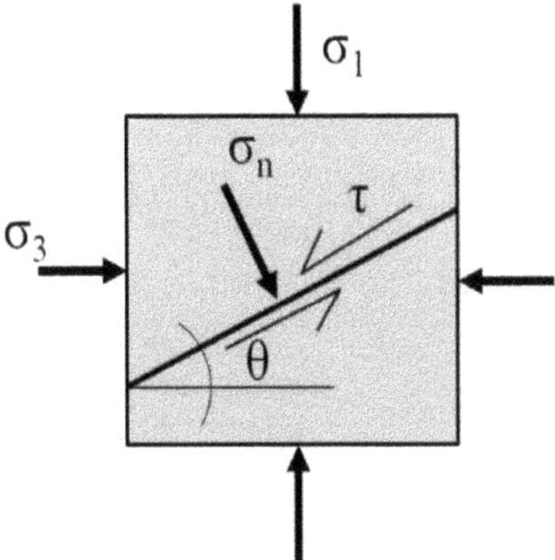

Figura 8.3. Elemento de solo com identificação do plano de ruptura e das tensões principais atuantes.

O ângulo de atrito interno é o ângulo formado pelo arranjo dos grãos minerais do solo, o qual depende da forma dos grãos, tipo de empacotamento e compactação. Encontra-se intimamente ligado a coesão (*c*) que é um tipo de tensão responsável pela estabilidade do solo.

Nos planos de ruptura as duas tensões analisadas principalmente são tensão normal e de cisalhamento. A primeira formando 90° com o plano de ruptura e a segunda apresenta-se paralela ao plano.

Observando os resultados de ensaios de cisalhamento no Diagrama de Mohr-Coulomb podemos identificar as zonas de estabilidade e instabilidades. Permitindo identificar os valores de tensões que o solo consegue suportar antes da ruptura. Neste diagrama a linha tangente aos círculos formados, chamada linha de ruptura, marca as duas zonas. O cruzamento desta linha com o eixo vertical de tensão de cisalhamento indica o valor de coesão, enquanto o ângulo formado por esta com o eixo horizontal de tensão normal expressa o ângulo de atrito interno do solo (figura 8.4). A linha de ruptura é definida matematicamente pela equação (8.2).

$$(8.2)\ \tau = c + \sigma_n tg\varphi$$

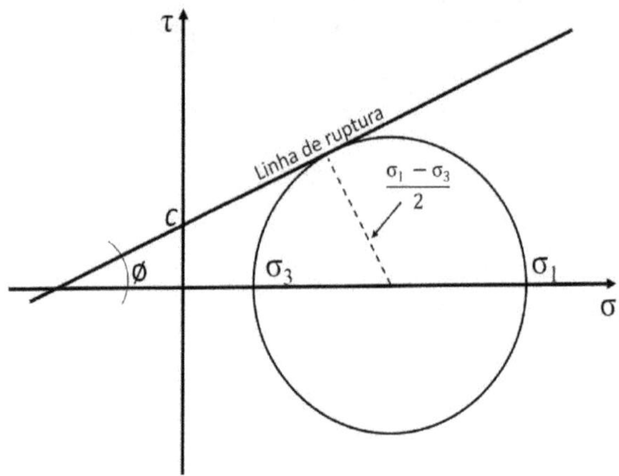

Figura 8.4. Diagrama de Mohr-Coulomb para análise de tensões em elementos de solos.

Entre os ensaios realizados para cisalhamento, aquele realizado em prensa triaxial apresenta os valores de tensão maior (σ_1), intermediária (σ_2), e tensão menor (σ_3). Assim como o plano de ruptura de acordo com a coesão e o ângulo de atrito interno do solo. Enquanto a prensa de cisalhamento direto já possui um plano de ruptura do solo definido de acordo com a caixa de cisalhamento. E, com relação às tensões, este ensaio apresenta os valores de σ_1 e σ_2, não apresentando o valor de tensão intermediária. Todavia, o ensaio de cisalhamento direto é um ensaio muito comum e que apresenta bons resultados, dependo do tipo de projeto.

Na caixa de cisalhamento direto a amostra de solo inserida em uma caixa metálica bipartida. Sendo, então, submetida a uma tensão vertical (σ_n), a qual será perpendicular ao plano de cisalhamento. A caixa será deslocada por uma tensão horizontal criando o plano de cisalhamento (figura 8.5). Os dados são coletados pelo computador interligado ao anel dinamométrico da prensa para determinação da resistência do solo. Este ensaio pode ser feito com amostra em umidade natural ou amostra saturada.

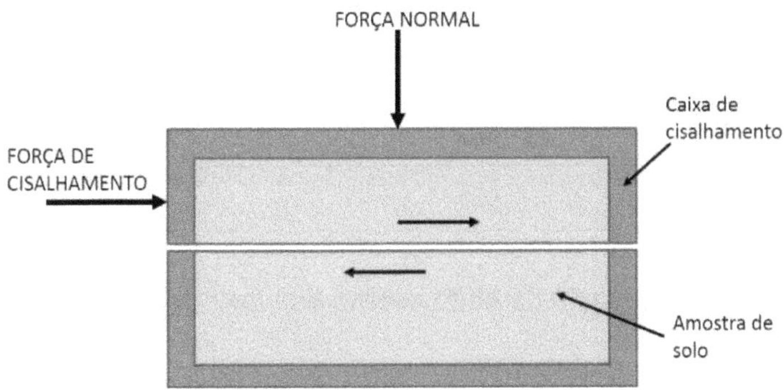

Figura 8.5. Arranjo interno da caixa de cisalhamento direto.

O ensaio através de prensa triaxial é realizado em corpo de prova no formato cilíndrico envolto em membrana de borracha dentro de uma câmara com água ou glicerina. O meio interno é submetido a uma pressão de confinamento conhecida. Uma tensão vertical é aplicada até o rompimento do corpo de prova.

Exemplo 8.1. Durante ensaio de cisalhamento direto em uma caixa com 60 cm^2 de área foram obtidos os seguintes valores para um solo argiloso com areia fina.

Tabela 8.1. Forças aplicadas na caixa de cisalhamento.

Força vertical (kg)	Força de cisalhamento máxima (kg)
8	12,3
17	16,1
24	18,5
32	22
41	25

Determinar o ângulo de atrito interno e o valor de coesão deste solo.

Resolução:

O quadro apresenta os valores obtidos no momento do cisalhamento do solo. Assim, é preciso calcular os valores de tensão normal e de cisalhamento do solo de acordo com as forças aplicadas e a área da caixa.

Assim:

$$\sigma_n = \frac{força}{área} = \frac{8}{60} = 0{,}13kg/cm^2$$

$$\tau = \frac{12{,}3}{60} = 0{,}205kg/cm^2$$

Obtendo a seguinte tabela:

Tabela 8.2. Tensões normais e de cisalhamento do ensaio.

σ (kg/cm^2)	τ (kg/cm^2)
0,13	0,21
0,28	0,27
0,40	0,31
0,53	0,37
0,68	0,42

Assim, com estes dados podemos criar o gráfico de tensão de cisalhamento versus tensão normal.

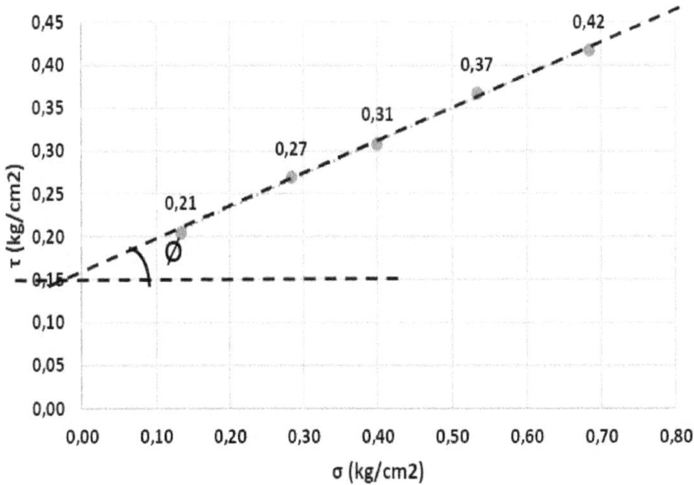

Figura 8.6. Gráfico de tensão normal e de cisalhamento do solo.

A partir destas informações podemos ver que o valor de coesão é igual a 0,16 kg/cm^2. E, tomando como base a tensão de cisalhamento 0,31 kg/cm^2, o ângulo de atrito interno pode ser calculado a partir da equação (8.2):

$$\tau = c + \sigma_n tg\varphi$$

$$tg\varphi = \frac{\tau - c}{\sigma} = \frac{0,31 - 0,16}{0,40}$$

$$tg\varphi = 0,375$$
$$\varphi = 20^o$$

8.1. Questões

1. Durante ensaio de cisalhamento direto em solo composto por areia seca foram obtidos: tensão normal igual a 250 kN/m^2, tensão de cisalhamento igual a 180 kN/m^2. Calcule o ângulo de atrito interno do solo. Observando que a coesão para areia seca é igual a zero.

Resposta: 35°

2. No solo da questão 1, se a tensão normal for 180 kN/m^2, qual seria o valor da tensão de cisalhamento deste solo?

Resposta: 129 kN/m^2

3. Em um ensaio de cisalhamento direto em areia seca com caixa de cisalhamento de 30 cm^2 de área descobriu-se que o solo apresenta ângulo de atrito interno igual a 43°. Qual a tensão de cisalhamento quando o solo for submetido a uma tensão normal de 195 kN/m^2?

Resposta: 181 kN/m^2

9. ADENSAMENTO DE SOLOS

Camadas de solo quando submetidas a aumento de sobrecarga por qualquer obra na sua superfície, consequentemente, terão suas tensões efetivas e neutras modificadas. Inicialmente com aumento da tensão neutra e depois acompanhada de aumento na tensão efetiva. Este aumento será acompanhado também da expulsão da água e gradual redução de volume do solo em velocidades diferentes dependendo de sua composição e da sobrecarga imposta. Esta mudança de volume é conhecida como adensamento de solos e seu reflexo na estrutura de qualquer obra é conhecido como recalque.

Como exemplo destas alterações no solo podemos analisar uma camada de argila entre duas camadas arenosas submetidas a aumento significativo de tensão (figura 9.1). Na camada argilosa, considerando um solo saturado, este aumento de tensão será refletido inicialmente a água contida na porosidade, aumentando a tensão neutra. Como a argila possui baixa condutividade hidráulica a expulsão da água relacionada a sobrecarga ocorrerá de forma muito lenta. Neste processo haverá o aumento da tensão efetiva com a saída da água. Promovendo também a redução do volume de vazios com a saída do fluido e, consequentemente, a redução de volume da camada.

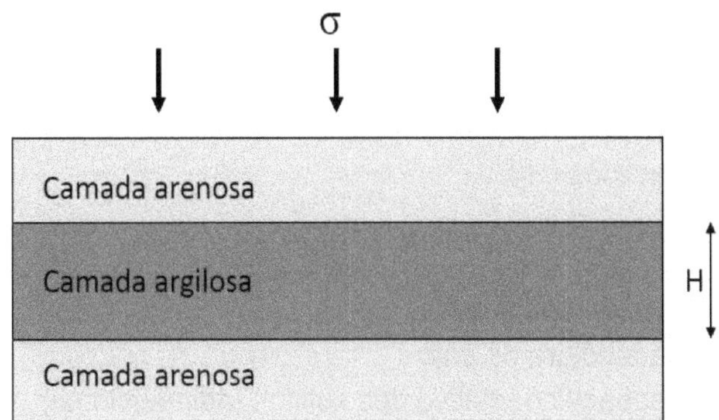

Figura 9.1. Camadas de solos submetidas a aumento de tensão.

Em laboratório o estudo de adensamento de solos é realizado através do uso de oedômetro, ou prensa de adensamento, de acordo com a norma técnica MB-3336. Neste equipamento uma amostra de solo é submetida a compressão vertical (figura 9.2). Partes da amostra é coletada para determinação de peso especifico e teor de umidade do solo. No equipamento as cargas são instaladas em intervalos de 1/8 min, ¼ min, ½ min, 1 min, 2 min, 4 min, 8 min, 15 min, 30 min, 1 h, 2 h, 4 h, 8 h e 24 h. As cargas adicionadas compreendem 5 kPa, 10 kPa, 20 kPa, 40 kPa, 80 kPa, 160 kPa, etc. Dobrando sempre a carga anterior.

A pressão ocasionada pela adição de sobrecarga nas alavancas promove a diminuição de volume do solo captada por extensômetro (figura 9.3). Após o ensaio os dados são analisados em gráficos de altura da amostra em função do tempo e gráficos de variação do índice de vazios em função da pressão. Utilizando escalas logarítmicas para tempo e pressão em ambos os gráficos (figuras 9.4 e 9.5).

Após o ensaio são determinadas informações como variação de índice de vazios, grau de saturação, coeficiente de adensamento, índice de recompressão, índice de compressão e pressão de pré-adensamento, índice de expansão entre outros.

O índice de vazios durante adensamento de solos é calculado a partir da relação entre a variação da altura dos vazios (H_v) pela altura dos sólidos (H_s).

$$(9.1)\ H_s = \frac{P_s}{A.G_s.\gamma_a}$$

Onde, P_s = peso dos sólidos

A = área da amostra de solo

G_s = peso específico relativo dos sólidos (adimensional)

γ_a = peso específico da água

$$(9.2)\ \varepsilon = \frac{H_v}{H_s}$$

$$(9.3)\ H_v = H - H_s$$

Onde, ε = índice de vazios

H = altura da amostra de solo

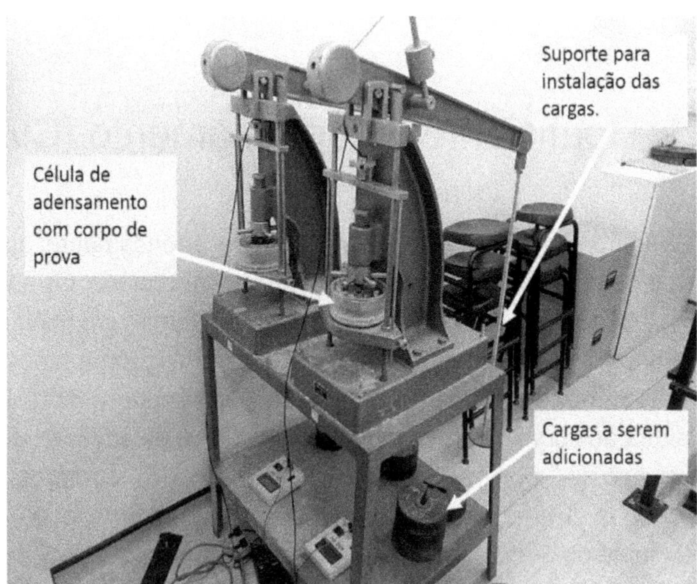

Figura 9.2. Oedômetros, equipamentos usados para análise de adensamento de solos. Fonte: Soil Consolidation.

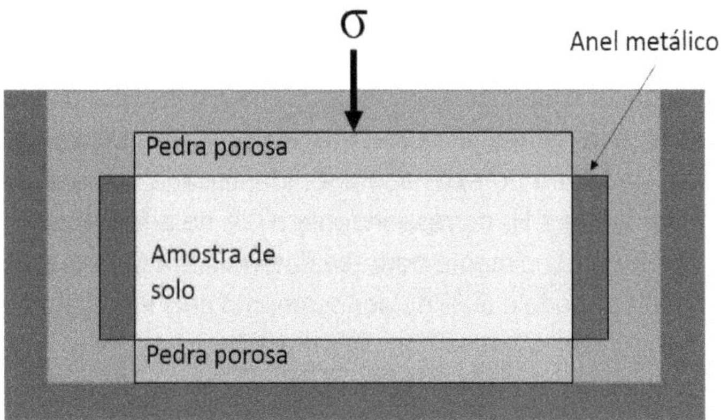

Figura 9.3. Desenho esquemático do sistema de compressão na célula de adensamento.

9.1. Coeficiente de adensamento (Cv)

A figura 9.4 apresenta uma curva de adensamento após ensaio de adensamento unidimensional em laboratório. Os eixos compreendem a leitura no extensômetro e o tempo em minutos. A leitura no extensômetro representa a deformação na amostra de solo durante movimento na prensa, registrando a mudança na altura do corpo de prova (figura 9.4). A curva de adensamento é composta por adensamento primário e compressão secundária. Entre os vários métodos para determinação do coeficiente de adensamento (C_v) apresentamos neste trabalho o método de Casagrande.

Assim, no gráfico é traçada uma reta tangente ao adensamento primário cruzando com a reta tangente a compressão secundária (figura 9.4). O ponto de cruzamento das retas corresponde ao tempo e altura relacionada a 100% de adensamento primário do solo.

Em seguida é identificada o tempo t_1 na parte curva do início do gráfico e o tempo t_2 considerando $t_2 = 4t_1$. Utilizando a diferença na leitura do extensômetro, identificada como x, para determinar a altura H_0 correspondente a 0% de adensamento.

Após este procedimento pode-se determinar a deformação e o tempo relacionado a 50% de adensamento pela equação (9.4).

$$(9.4)\ H_{50} = \frac{H_0 + H_{100}}{2}$$

Para determinação de um grau médio de adensamento é utilizado também o fator tempo de acordo com a equação:

$$(9.5)\ T_v = C_v.\frac{t}{H_{dr}^2}$$

Onde, T_v = fator tempo (adimensional)
t = tempo em segundos
H_{dr} = percurso de drenagem

O percurso de drenagem (H_{dr}) é a maior distância que uma molécula de água percorre a camada de solo durante processo de adensamento. Assim, quando a camada submetida a adensamento ocorrer sobre uma rocha impermeável a molécula de água percorrerá toda a altura da camada em sentido vertical para cima. E, neste caso H_{dr} será igual a altura da camada (H). Todavia, em corpos de prova ou camadas de solo com drenagem superior e inferior o percurso de drenagem será igual a metade da altura da camada, H_{dr} = H/2.

Assim, para determinação do de adensamento médio de 50%, sabendo que T_{50} = 0,197 de acordo com tabela de adensamento pela Teoria de Terzagui (tabela 9.1), teremos:

$$T_{50} = C_v.\frac{t_{50}}{H_{dr}^2}$$

$$(9.6)\ C_v = \frac{0{,}197 H_{dr}^2}{t_{50}}$$

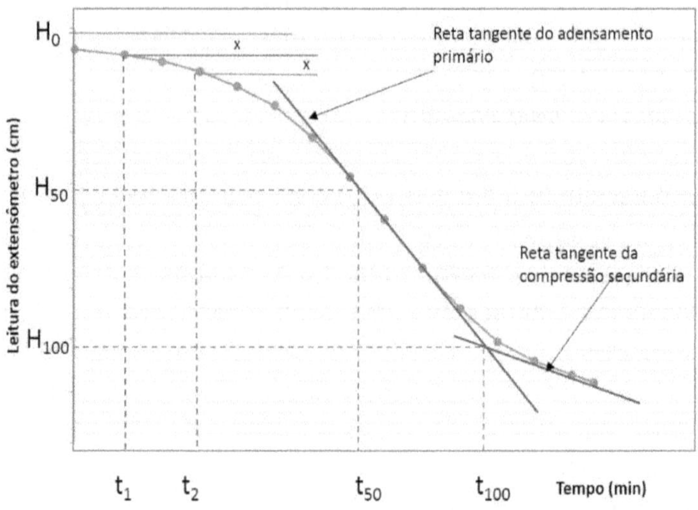

Figura 9.4. Gráfico de variação da altura do corpo de prova em função do tempo de acordo com método de Casagrandre. Fonte: MB-3336.

A mudança ocorrida ao longo do tempo na camada adensável também é analisada pelo grau de adensamento ou porcentagem de adensamento (U).

$$(9.7)\ U = \frac{\rho}{\Delta H}$$

Onde, ρ = recalque parcial

ΔH = recalque total

$$(9.8) \Delta H = \frac{\Delta \varepsilon}{1 + \varepsilon_o} . H$$

Onde, ε = índice de vazios

ε_o = índice de vazios inicial, natural do solo.

H = altura da camada adensável

Tabela 9.1. Variação do fator tempo (T_v) em função do grau médio de adensamento (U) de acordo com a Teoria de Terzaghi.

U %	T_v	U %	T_v	U %	T_v	U %	T_v
1	0,00008	26	0,0531	51	0,2040	76	0,4930
2	0,00030	27	0,0572	52	0,2120	77	0,5110
3	0,00071	28	0,0615	53	0,2210	78	0,5290
4	0,00126	29	0,0660	54	0,2290	79	0,5470
5	0,00196	30	0,0707	55	0,2380	80	0,5670
6	0,00283	31	0,0754	56	0,2460	81	0,5880
7	0,00385	32	0,0803	57	0,2550	82	0,6100
8	0,00502	33	0,0855	58	0,2640	83	0,6330
9	0,00636	34	0,0907	59	0,2730	84	0,6580
10	0,00785	35	0,0962	60	0,2830	85	0,6840
11	0,00950	36	0,1020	61	0,2970	86	0,7120
12	0,01130	37	0,1070	62	0,3070	87	0,7420
13	0,01330	38	0,1130	63	0,3180	88	0,7740
14	0,01540	39	0,1190	64	0,3290	89	0,8090
15	0,01770	40	0,1260	65	0,3400	90	0,8480
16	0,02010	41	0,1320	66	0,3520	91	0,8910
17	0,02270	42	0,1380	67	0,3640	92	0,9380
18	0,02540	43	0,1450	68	0,3770	93	0,9930
19	0,02830	44	0,1520	69	0,3900	94	1,0550
20	0,03140	45	0,1590	70	0,4030	95	1,1290
21	0,03460	46	0,1660	71	0,4170	96	1,2190
22	0,03800	47	0,1730	72	0,4310	97	1,3360
23	0,04150	48	0,1810	73	0,4460	98	1,5000
24	0,04520	49	0,1880	74	0,4610	99	1,7810
25	0,04910	50	0,1970	75	0,4770	100	∞

9.2. Índice de compressão (C_c)

Através da construção do gráfico de índice de vazios em função do logaritmo da pressão é obtido o gráfico de adensamento que permite a determinação do índice de compressão.

Existem diversos métodos e equações desenvolvidas para sua determinação. Uma das mais utilizadas leva em consideração a razão entre a variação do índice de vazios e do logaritmo de pressão, obtidos dentro de um trecho identificado como trecho de adensamento virgem (equação 9.9). Esta parte do gráfico é formada após a inclinação da curva até o final da compressão (figura 9.5).

$$(9.9)\ C_c = \frac{(\varepsilon_1 - \varepsilon_2)}{\log(\sigma_2'/\sigma_1')}$$

Onde, ε_1 e ε_2 = índices de vazios de dois pontos qualquer dentro do trecho virgem ($\Delta\varepsilon$).

σ'_1 e σ'_2 = pressões correspondentes aos índices de vazios determinados.

O gráfico de adensamento apresentado na figura (9.5) forma uma curvatura inicial conhecida como trecho de recompressão, onde pode ser calculado o índice de recompressão (C_r). Este trecho do gráfico ocorre para argilas pré-adensadas, onde a tensão atual é menor que a tensão máxima submetida ao solo no passado geológico do local. Neste cálculo os índices de vazios e as tensões equivalentes são determinadas dentro do intervalo de recompressão.

$$(9.10)\ C_r = \frac{(\varepsilon_1 - \varepsilon_2)}{\log\left(\sigma_2'/\sigma_1'\right)}$$

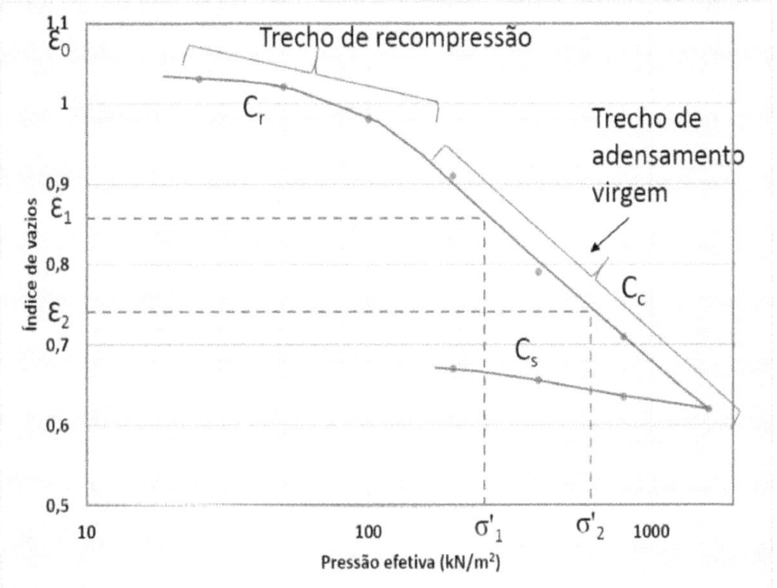

Figura 9.5. Gráfico de adensamento de solos com índice de vazios em função do logaritmo de pressão.

9.3. Índice de expansão

Apresentando magnitude menor que o índice de compressão, o índice de expansão (C_s) pode ser determinado através do uso do gráfico de índice de vazios em função do logaritmo da pressão (figura 33). O cálculo matemático para sua determinação é realizado através da equação (9.10), de acordo com os valores de índice de vazios e pressões equivalentes dentro do trecho de adensamento virgem do gráfico. Ou utilizando a equação desenvolvida por Nagaraj e Murty (1985), que leva em consideração dados de plasticidade e peso específico relativo dos sólidos (9.11).

$$(9.11)\ C_s = 0{,}0463.\frac{LL}{100}.G_s$$

LL = limite de liquidez em porcentagem

G_s = peso específico relativo dos sólidos (adimensional)

9.4. Pressão de pré-adensamento

Os solos são produtos de intemperismo do substrato rochoso de uma determinada região e encontram-se sujeitos a erosão durante sua evolução no tempo geológico. Assim, os solos que apresentam-se hoje formando a paisagem podem ter sido resultados de processos erosivos que removeram toneladas de material de solo de sua superfície antiga. Promovendo assim alívio de tensão nas camadas inferiores. Camadas argilosas que apresentam pressão efetiva igual a pressão original do passado geológico no período de formação do solo são chamadas de **argilas normalmente adensadas**. Enquanto camadas argilosas com pressão de sobrecarga inferior a pressão que foi submetida no passado são chamadas de **argilas sobreadensadas**. Outros processos que causam este alívio de tensão são trabalhos de escavação e terraplanagem com retirada de grandes quantidades de solo de uma área. Este alivio de tensão promove expansão com aumento do índice de vazios.

Esta pressão natural que o solo possuía antes da remoção de sobrecarga é a pressão efetiva máxima do solo também chamada de **pressão de pré-adensamento (σ'_c)**.

Em laboratório podemos determinar a pressão de pré-adensamento de acordo com os métodos de Casagrande e Pacheco Silva (figuras 9.6 e 9.7).

No método de Casagrande é identificado visualmente um ponto mínimo (**a**) do raio de curvatura do gráfico (figura 9.5). Traçando sobre este ponto uma reta horizontal paralela ao eixo de pressão (linha azul, A-B) e uma tangente (linha verde, C-D). Acompanhando o trecho de adensamento virgem cria-se uma reta (linha laranja, E-F).

No ângulo formado entre as linhas azul e verde traça-se a bissetriz (linha vermelha tracejada). O cruzamento entre a bissetriz e a linha laranja (E-F) marca o ponto correspondente a pressão de pré-adensamento indicado na figura 9.6 pela linha lilás tracejada (vertical).

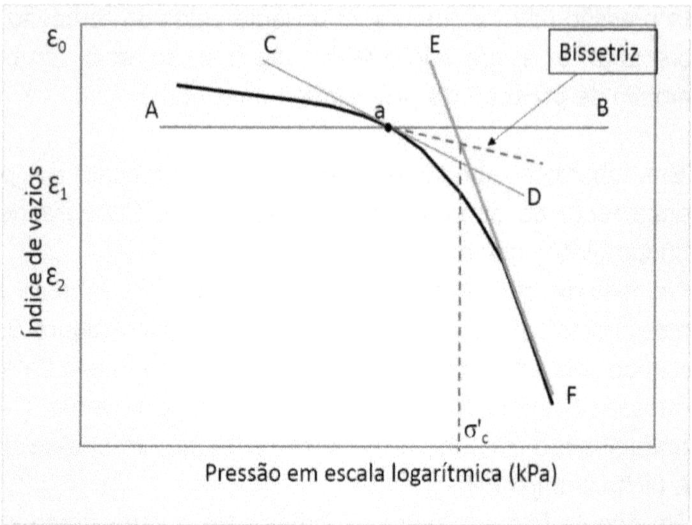

Figura 9.6. Gráfico de análise de adensamento de solo com variação do índice de vazios em função da pressão. Utilizando o cálculo da pressão de pré-adensamento pelo método Casagrande. Fonte: MB-3336.

Utilizando o método de Pacheco Silva é traçada uma linha reta horizontal a partir do índice de vazios inicial, representada pela linha azul na figura 35. Prologa-se a reta do trecho virgem (linha marrom tracejada) determinando um ponto de intersecção com a reta azul. Deste ponto é criada uma reta vertical até interceptar a curva de adensamento. A partir deste último ponto é traçada uma reta horizontal determinando sua intersecção com o prolongamento do trecho virgem. Este último ponto corresponde a pressão de pré-adensamento.

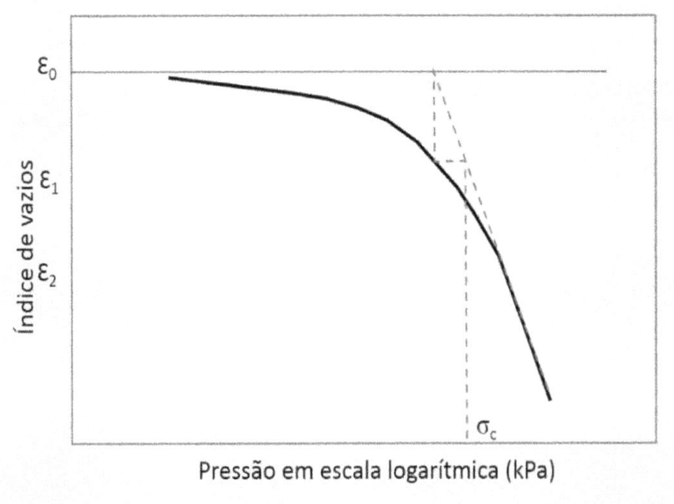

Figura 9.7. Gráfico de análise de adensamento de solo com determinação da pressão de pré-adensamento com o método Pacheco Silva. Fonte: MB-3336.

A partir desta informação pode-se calcular a razão de sobreadensamento (OCR), sigla do termo inglês *over-consolidation ratio*.

$$(9.12)\ OCR = \frac{\sigma'_c}{\sigma'}$$

Onde, σ'_c = pressão de pré-adensamento

σ' = pressão vertical atual

Onde, solos compostos por argilas normalmente adensadas OCR = 1, enquanto, para aqueles compostos por argilas sobreadensadas, OCR > 1.

Exemplo 9.1. Em um determinado ensaio de adensamento de solo foram obtidos os seguintes dados expressos na tabela 23.

Sabendo que a altura média dos corpos de provas era de 2,5 cm e que foram drenadas na parte superior e inferior, determine o coeficiente de adensamento deste solo.

Tabela 9.2. Resultados de leitura do extensômetro e tempo de ensaio de adensamento de solos.

Tempo (min)	Extensômetro (cm)
0	0,5506
0,125	0,5613
0,25	0,5633
0,5	0,5659
1	0,5697
2	0,5755
4	0,5829
8	0,5951
15	0,6103
30	0,6268
60	0,6454
120	0,6611
240	0,6738
480	0,6814
960	0,6865
1440	0,6895

Resolução:

Criar o gráfico de adensamento com leitura do extensômetro em função do logaritmo do tempo. Determinando o tempo t_1 = 0,25 min e t_2 = 1,0 min o qual é igual a $4t_1$, encontrar H_0 como demonstrado na figura 9.4.

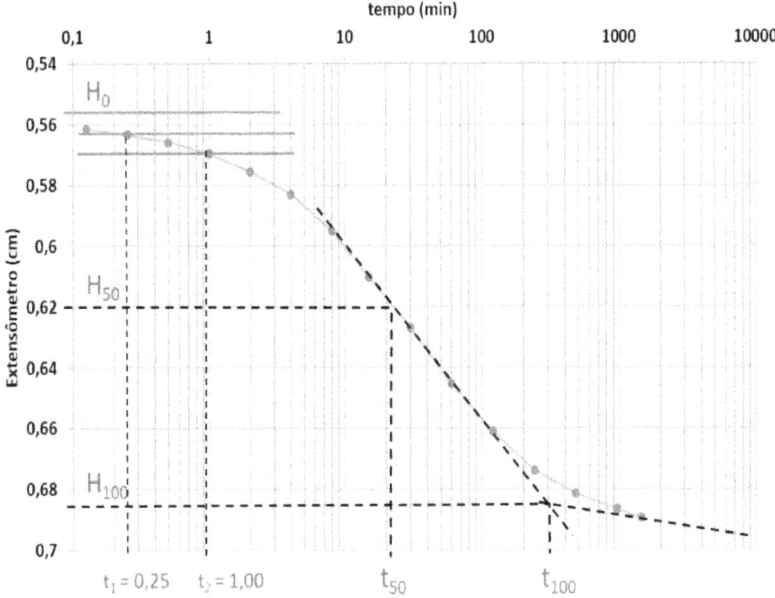

Figura 9.8. Gráfico de leitura do extensômetro em função do tempo.

Sabendo, de acordo com o gráfico desenvolvido, que t_{50} = 21 min = 1260 segundos e utilizando a equação (9.6):

$$C_v = \frac{0{,}197 H_{dr}^2}{t_{50}}$$

$$C_v = 0{,}197.\frac{\left(\frac{2{,}5}{2}\right)^2}{1260}$$

$$C_v = 2{,}4.10^{-4} cm^2/s$$

Exemplo 9.2. Baseado nos dados obtidos em um ensaio de adensamento de solo em laboratório, expresso na tabela abaixo, calcule a pressão de pré-adensamento e o índice de compressão.

Tabela 9.3. Variação de pressão e índice de vazios de uma amostra de solo após ensaio de adensamento.

σ (kN/m²)	ε
25	1,06
50	1,05
100	1,03
200	0,98
400	0,9
800	0,76
1600	0,64

Resolução:

Construir o gráfico de índice de vazios em função da pressão em escala logarítmica encontrando a pressão de pré-adensamento e os índices de vazios e pressões dentro do trecho de adensamento virgem (figura 9.9).

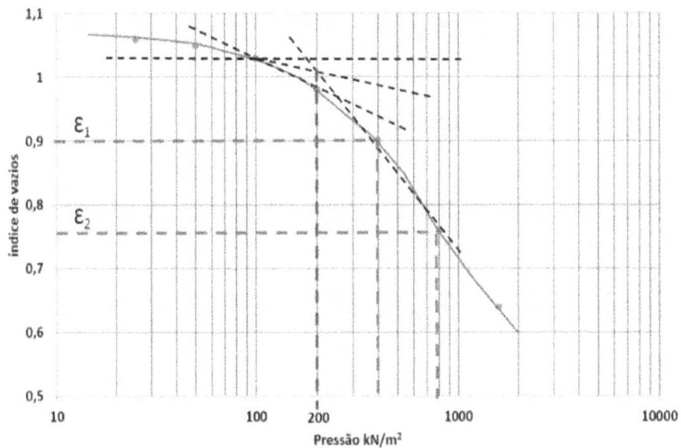

Figura 9.9. Gráfico para análise de adensamento de solos.

De acordo com o gráfico elaborado com os dados apresentados é encontrado a pressão de pré-adensamento utilizando o método de Casagrande.

$$\sigma_c' = 200kN/m^2$$

Em seguida pode ser calculado o índice de compressão utilizando a equação (9.9).

$$C_c = \frac{\varepsilon_1 - \varepsilon_2}{\log{(\sigma_2'/\sigma_1')}}$$

$$C_c = \frac{0{,}9 - 0{,}76}{\log{(800/400)}}$$

$$C_c = 0{,}46$$

Exemplo 9.3. Em uma determinada área foi realizado um aterro como mostra o perfil geotécnico (figura 9.10). Calcule o tempo necessário para que o local do aterro apresente um recalque de

7 cm. Tensão de pré-adensamento da camada argilosa é igual a 50 kN/m^2 e C_v = 2,3 m^2/ano.

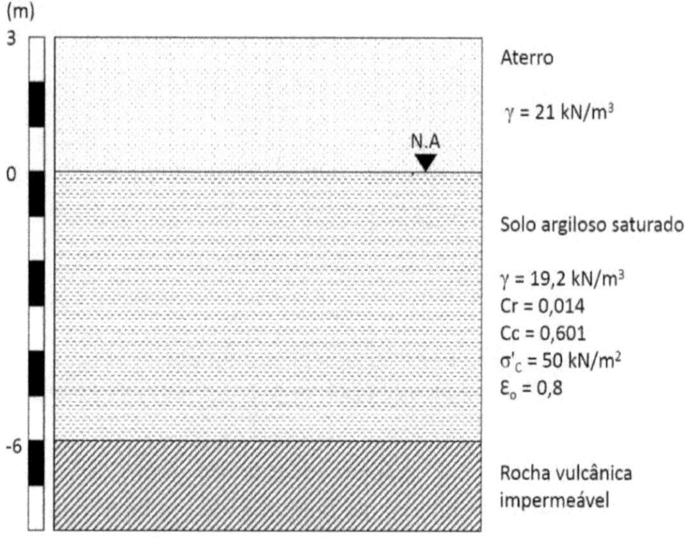

Figura 9.10. Perfil geotécnico de área com solo submetido a trabalho de aterro.

Resolução:

Encontrar a tensão efetiva média no meio da camada adensável (solo argiloso), antes e depois do aterro utilizando a equação (7.1) do capítulo 7.

Antes do aterro:

$$\sigma' = \sigma - \mu$$
$$\sigma' = (H.\gamma) - (H.\gamma_a)$$

Utilizando o peso específico da água (γ_a) igual a 10 kN/m^3

$$\sigma' = (3\,.\,19{,}2) - (3\,.\,10)$$
$$\sigma' = 27{,}6 kN/m^2$$

Após o aterro:

$$\sigma' = (3\,.\,21) + \left((3\,.\,19{,}2) - (3\,.\,10)\right)$$

$$\sigma' = 90{,}6kN/m^2$$

Em seguida, calcular a variação do índice de vazios.

Como a tensão antes do aterro é menor que a tensão de pré-adensamento o cálculo do índice de vazios será realizado na curva de recompressão. Assim, a partir da equação (9.8):

$$\Delta\varepsilon_1 = C_r.\log\left(\frac{\sigma_2'}{\sigma_1'}\right)$$

$$\Delta\varepsilon_1 = 0{,}014.\log\left(\frac{50}{27{,}6}\right) = 3{,}61.10^{-3}$$

A variação do índice de vazios após o aterro está relacionada a uma tensão maior que a tensão de pré-adensamento. Assim a variação do índice de vazios ocorre no trecho de adensamento virgem, envolvendo o índice de compressão (C_c):

$$\Delta\varepsilon_2 = C_c.\log\left(\frac{\sigma_2'}{\sigma_1'}\right)$$

$$\Delta\varepsilon_2 = 0{,}601.\log\left(\frac{90{,}6}{50}\right) = 0{,}155$$

A partir destes cálculos podemos encontrar a variação total do índice de vazios:

$$\Delta\varepsilon_{total} = 3{,}61.10^{-3} + 0{,}155 = 0{,}158$$

Encontrar o recalque total da camada adensável utilizando a equação (9.8):

$$\Delta H = \frac{\Delta\varepsilon}{1 + \varepsilon_0}.H$$

$$\Delta H = \frac{0,158}{1+0,8}.6$$

$$\Delta H = 0,526m = 52,6cm$$

Com este resultado, sabendo agora que o recalque total é, aproximadamente, 52,6 cm, percebe-se que o recalque de 7 cm é apenas parcial. Então pode-se calcular sua porcentagem a partir da equação (9.7):

$$U = \frac{\rho}{\Delta H}$$

$$U = \frac{7}{52,6} = 0,13 = 13\%$$

Utilizando a tabela 9.1, encontra-se o fator tempo (T_v) com relação a porcentagem de adensamento (U):

$$T_v = 0,0133$$

Permitindo o cálculo do tempo para o respectivo recalque através da equação (9.5):

Observação: Como o substrato inferior da camada argilosa é uma rocha impermeável a água fluirá expulsa de baixo para cima, deixando a distância de drenagem (H_{dr}) igual a espessura da camada argilosa (H).

$$T_v = C_v.\frac{t}{H_{dr}^2}$$

$$t = T_v.\frac{H_{dr}^2}{C_v}$$

$$t = 0,0133.\frac{(6m)^2}{\frac{2,3m^2}{ano}} = 0,208\, anos$$

$$t = 75\ dias$$

Exemplo 9.4. Determine o tempo necessário para que ocorra um recalque de 12 cm causado por um aterro em uma certa área que possui o perfil geotécnico apresentado na figura abaixo. A camada argilosa é normalmente adensada.

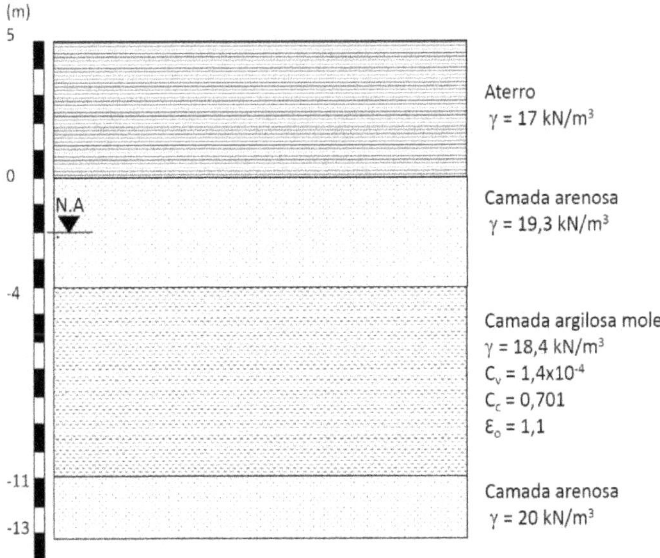

Figura 9.11. Perfil geotécnico do solo.

Resolução:

A camada adensável possui 7 m de espessura, então:

H = 7 m

Calcular a magnitude da tensão efetiva média da camada adensável (metade da camada argilosa) antes e após o aterro.

a) Antes do aterro:

$$\sigma' = \sigma - \mu$$

$$\sigma_1' = (2\,.\,19{,}3) + \big((2\,.\,19{,}3) - (2\,.\,10)\big) + \big((3{,}5\,.\,18{,}4) - (3{,}5\,.\,10)\big)$$

$$\sigma_1' = 38{,}6 + 18{,}6 + 29{,}4 = 86{,}6\;kN/m^2$$

b) Após o aterro:

$$\sigma_2' = (5\,.\,17) + 86{,}6 = 171{,}6\;kN/m^2$$

Após este procedimento é possível calcular o recalque total da camada argilosa.

$$\Delta\varepsilon_2 = C_c.\log\left(\frac{\sigma_2'}{\sigma_1'}\right)$$

$$\Delta\varepsilon_2 = 0{,}701.\log\left(\frac{171{,}6}{86{,}6}\right)$$

$$\Delta\varepsilon_2 = 0{,}208$$

$$\Delta H = \frac{\Delta\varepsilon}{1 + \varepsilon_0}.H$$

$$\Delta H = \frac{0{,}208}{1 + 1{,}1}.7$$

$$\Delta H = 0{,}693\;m = 69{,}33\;cm$$

Após encontrar o recalque total percebe-se que 7 cm é um recalque parcial. Então deve-se encontrar sua porcentagem.

$$U = \frac{\rho}{\Delta H}$$

$$U = \frac{7}{69,33}$$

$$U = 10\%$$

Assim, utilizando a tabela 9.1 pode-se encontrar o fator tempo relacionado:

$$T_v = 0,00785$$

E o tempo necessário para o recalque pode finalmente ser calculado. Levando em consideração que a camada adensável se encontra entre duas camadas permeáveis, assim H_{dr} = H/2:

$$t = T_v . \frac{H_{dr}^2}{C_v}$$

$$t = 0,00785 . \frac{(3,5 . 100)^2}{1,4 . 10^{-4}}$$

$$t = 6868750\ s = 79,4\ dias$$

9.5. Questões

1. Calcule o recalque por adensamento primário para uma camada argilosa normalmente adensada em uma área que será submetida a uma carga como apresentado de acordo com o perfil geotécnico abaixo.

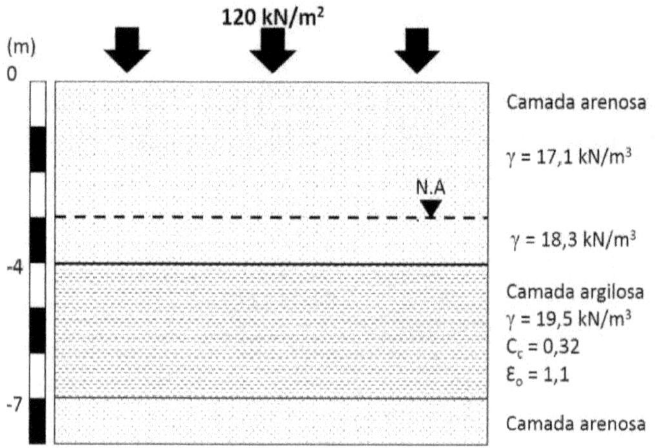

Figura 9.12. Perfil geotécnico do solo que será submetido a aumento de pressão.

Resposta: 19,1 cm

2. Qual o tempo necessário para 10 cm de recalque por adensamento primário da questão 1? Considerar o coeficiente de adensamento da argila é igual a $1{,}9 \times 10^{-4}$ cm^2/s.

Resposta: 290 dias

3. Qual o tempo necessário para 50% de adensamento de uma camada de solo argiloso submetido a mesma carga de uma amostra retirada e analisada em laboratório? A amostra possuía 30 mm de espessura e levou 5 min e 30 s para 50% de adensamento com drenagem superior e inferior. A camada de solo argiloso em campo possui 4 m de espessura e encontra-se sobre uma rocha impermeável.

Resposta: 271 dias

4. Em um ensaio de adensamento, sabendo que a altura média dos corpos de provas era de 2,3 cm com drenagem superior e inferior. Determinar o coeficiente de adensamento deste solo.

Tabela 9.4. Resultados do ensaio de adensamento.

Tempo (min)	Leitura no extensômetro (cm)
0	0,2722
0,125	0,2829
0,25	0,2849
0,5	0,2875
1	0,2913
2	0,2971
4	0,3045
8	0,3167
15	0,3319
30	0,3484
60	0,367
120	0,3827

240	0,3954
480	0,403
960	0,4081
1440	0,4111

Resposta: 2,17 cm^2/s

5. A tabela abaixo apresenta os resultados de um ensaio de adensamento de solo em laboratório. Determine a pressão de pré-adensamento através do método de Casagrande e o índice de compressão?

Tabela 9.5. Resultados de adensamento de solo.

σ' (kN/m^2)	ε
25	1,09
50	1,07
100	1,04
200	0,9
400	0,82
800	0,67
1600	0,59

$\sigma_c' = 110\ kN/m^2$
$C_c = 0,23$

10. EMPUXO DE SOLOS

Pressão de lateral de solo (*E*) ou empuxo de solo são as pressões horizontais atuantes que aumentam, assim como em fluidos, de acordo com a profundidade. Em estudos de solos estes valores tornam-se importantes para projetos de muros de arrimo, abertura de túneis, trincheiras ou taludes.

A análise de pressões laterais em solos envolve as tensões verticais (σ_v) e horizontais (σ_h). Onde, a razão entre ambas determina o coeficiente de empuxo (K), apresentado na equação (10.1):

$$(10.1)\ K = \frac{\sigma_h}{\sigma_v}$$

A partir desta expressão, isolando a pressão horizontal, temos:

$$\sigma_h = K.\sigma_v$$

$$(10.2)\ \sigma_h = K.\gamma.H$$

Onde, γ = peso especifico natural do solo
H = altura do muro de arrimo

Diversos estudos empíricos foram elaborados para determinação do coeficiente de empuxo (K). Assim, em análise para um solo em equilíbrio plástico Rankine (1857) desenvolveu as equações (10.3) e (10.4) para determinação dos coeficientes de empuxo ativo e passivo. Mais tarde, para solos arenosos, Jacky (1944) definiu o cálculo de coeficiente de empuxo de acordo com a equação (10.5). A qual funciona bem para solo composto por areia fofa. Todavia, para solos compactos Mayne e Kulhawy (1982) propuseram uma modificação na equação anterior resultando na equação (10.6).

$$(10.3)\ K_a = tg^2(45 - \varphi/2)$$

$$(10.4)\ K_p = tg^2(45 + \varphi/2)$$

$$(10.5)\ K_o = 1 - sen\varphi$$

$$(10.6)\ K_o = (1 - sen\varphi).OCR^{sen\varphi}$$

Onde, K_a = coeficiente de empuxo ativo

K_p = coeficiente de empuxo passivo

K_o = coeficiente de empuxo no repouso

φ = ângulo de atrito interno do solo

OCR = razão de sobreadensamento

Em um muro de arrimo podemos exemplificar a relação e o efeito destas grandezas físicas. Neste, a pressão lateral pode apresentar-se em repouso (E_o), ativa (E_a) ou passiva (E_p). Em repouso as forças atuantes encontram-se em equilíbrio, enquanto no estado ativo (E_a) o maciço de solo desloca o muro para a esquerda (figura 10.1). Quando as forças atuantes criam o movimento contrário do muro, da esquerda para a direita empurrando o maciço de solo, isto é descrito como pressão de solo passiva ou empuxo passivo (Ep) (figura 10.1).

O cálculo para determinação das grandezas de empuxo de solo em um muro de altura H é realizado através da área do diagrama de pressão no perfil geotécnico do solo. Em um solo homogêneo o diagrama de pressão apresentará uma forma triangular onde, para encontrar a pressão lateral do maciço sobre o muro, faz-se o cálculo da área do triângulo (figura 10.1). Desta maneira o cálculo é realizado de acordo com a equação (10.7):

$$E = \frac{base.altura}{2} = K\gamma H.\frac{H}{2} = \frac{K\gamma H^2}{2}$$

$$(10.7) E = \frac{K\gamma H^2}{2}$$

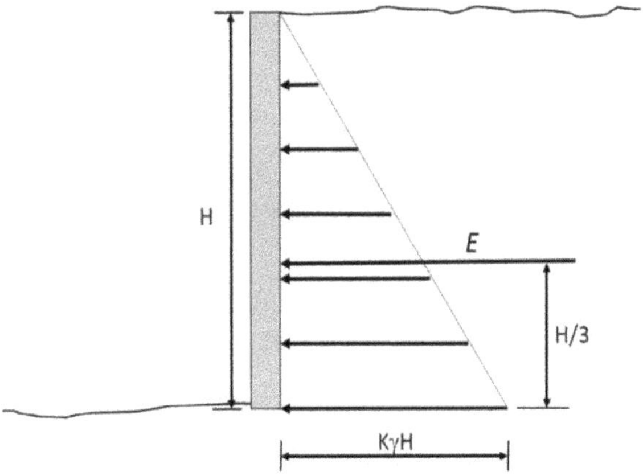

Figura 10.1. Diagrama de empuxo lateral em solo sustentado por muro de arrimo.

Para solos submersos, além do diagrama apresentado anteriormente, deve ser levado em consideração o diagrama da pressão neutra a partir da presença de água. Onde a pressão lateral de solo será a soma das áreas de todos os diagramas de pressão atuantes.

Exemplo 10.1.

Considerando o perfil geotécnico apresentado na figura 10.1, calcule o empuxo lateral de solo sabendo que:

$$\gamma = 16\ kN/m^3$$

$$H = 4{,}5\ m$$
$$OCR = 1{,}5$$
$$\varphi = 20^o$$

Resolução:

Para encontrar o coeficiente de empuxo pode-se utilizar a equação (10.6)

$$K_o = (1 - sen\varphi).OCR^{sen\varphi}$$
$$K_o = (1 - sen20).1{,}5^{sen20} = 0{,}75$$

Assim, calcula-se a magnitude da pressão lateral utilizando a equação (10.7).

$$E = \frac{K\gamma H^2}{2}$$
$$E = 0{,}75 \,.\, 16 \,.\frac{4{,}5^2}{2}$$
$$E = 121{,}5\ kN/m^2$$

A resultante da tensão lateral ocorrerá a um terço da altura do muro, sendo:

$$Z = \frac{H}{3} = \frac{4{,}5}{3} = 1{,}5\ m$$

Medindo de baixo para cima.

10.1. Questões

1. Considerando o muro de arrimo apresentado na figura 10.1, calcule o valor de tensão do empuxo lateral de solo por unidade de comprimento e o ponto da tensão resultante nas seguintes situações.

Tabela 10.1. Informações sobre condições físicas do solo e altura dos muros de arrimo.

Situação	H (m)	ø	γ (kN/m^3)	OCR
1	6	36	18	2
2	7	33	19	2,5
3	5	35	17,5	1,8
4	6,3	31	16,7	2
5	4,8	38	19,5	1
6	7,3	37	17	1,7
7	6,2	36,7	18,5	1,5
8	5,4	36,5	16,3	2,3

Respostas:

Tabela 10.2. Resultados das situações apresentadas.

Situação	Seno	K	E (kN/m^2/m)	z (m)
1	0,5878	0,6195	200,73	2,0
2	0,5446	0,7500	349,15	2,3
3	0,5736	0,5974	130,68	1,7
4	0,5150	0,6930	229,68	2,1
5	0,6157	0,3843	86,34	1,6

6	0,6018	0,5480	248,22	2,4
7	0,5976	0,5127	182,30	2,1
8	0,5948	0,6650	158,04	1,8

11. MOVIMENTOS DE MASSA E TALUDES

Os solos, em razão de sua consistência e plasticidade, associados a forma do relevo, ação da gravidade e movimentos tectônicos estão sujeitos a movimentações (figura 11.1). Estes movimentos podem ser lentos, apresentando alguns centímetros ou milímetros de movimento lateral por ano, ou rápidos como deslizamentos em encostas íngremes que transportam centenas de toneladas de solo, vegetação e rocha em alguns minutos. São originados pela superação da força da gravidade com relação a coesão do solo. Estes eventos muitas vezes ocorrem em áreas habitadas causando grandes impactos. Em que o resultado são grandes prejuízos econômicos e sociais.

Figura 11.1. Escorregamento de solo obstruindo parte de uma rodovia. Fonte: próprio autor.

A movimentação de solos é agravada pela incidência de chuvas que altera sua consistência, tornando-o mais plástico ou muitas vezes chegando ao limite de liquidez. Este agravamento do solo em áreas urbanas, além dos eventos naturais, também encontra-se ligado a ocupações irregulares (figura 11.2). Pois estas vem acompanhadas de remoção da cobertura vegetal expondo o solo e facilitando o processo erosivo. Processo muitas vezes ligados a ocupação sem planejamento urbano, ou construção em áreas sujeitas a escorregamento. De acordo com dados do Instituto Brasileiro de Geografia e Estatística (IBGE) o Brasil tem 5,7% do seu território com suscetibilidade muito alta a deslizamentos e outros 10,4%, alta suscetibilidade. Todavia, com diferenças regionais, onde o percentual de deslizamento no sudeste varia de 23,2 a 24,6%, enquanto na região norte esta susceptibilidade varia de 1,6 a 6% (Rodrigues, 2019). Estas informações também indicam que, além dos demais estados brasileiros, mais da metade do estado do Rio de Janeiro, 53,9% tem susceptibilidade muito alta a deslizamentos (figura 11.3).

Figura 11.2. Ocupação urbana em áreas de encostas de morros no Estado do Rio de Janeiro. Fonte: Licia Rubinstein/Agência IBGE Notícias.

Muitos destes problemas podem ser evitados consultando os mapas de risco da cidade antes dos projetos de construções urbanas. Estes mapas vêm sendo elaborados a anos pela defesa civil nas grandes cidades.

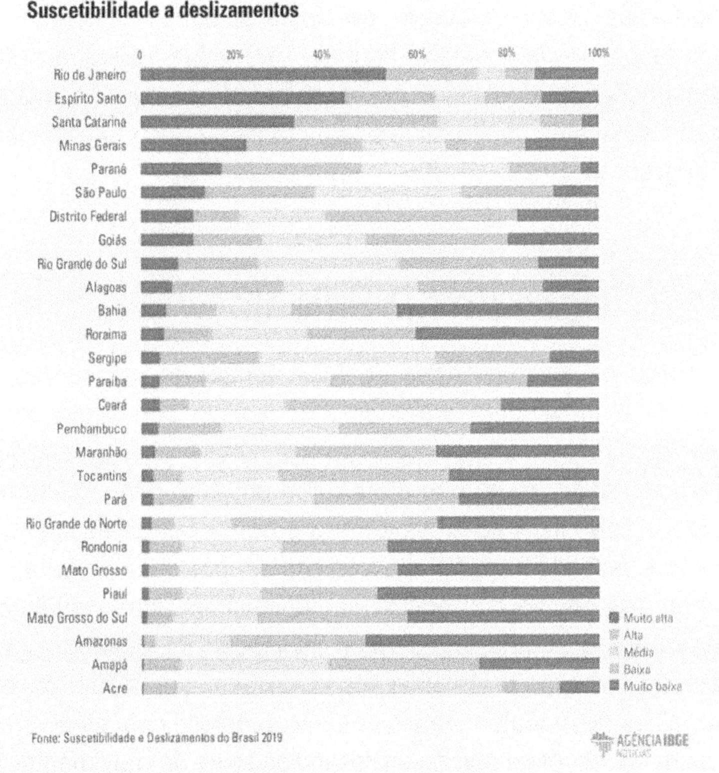

Figura 11.3. Gráfico de susceptibilidade a deslizamento de solos no Brasil. Fonte: Belandi, 2019.

Atualmente, o Serviço Geológico do Brasil (SGB-CPRM) tem realizado o mapeamento de áreas sujeitas a escorregamentos em escalas de 1: 25 000 e 1: 50 000. Além da produção de mapa on-line que permite visualizar áreas com riscos de desastres no Brasil. São informações importantes que podem auxiliar trabalhos geotécnicos, evitando muitos desastres.

O mapeamento de áreas de risco é realizado através de trabalhos de campo por geólogos e engenheiros observando a morfologia local, indícios de instabilidades, histórico de ocorrências de deslizamentos e vulnerabilidade das construções. Produzindo mapas, relatórios e arquivos digitais para softwares compatíveis ao Sistema de Informações Geográficas (SIG).

11.1. Tipos de Movimentos

Entre os diversos tipos de movimentos de massa (figura 11.1.1) o movimento mais lento do solo é conhecido como **rastejamento** ou ***creep***. Este desloca o material declive abaixo em uma taxa variando de 10 a 1 mm por ano, dependendo do tipo de solo, inclinação do terreno e condições climáticas. O efeito é refletido na inclinação de cercas, postes, árvores entre outros. As cercas que encontram-se a vários anos instaladas, assim como postes apresentam inclinação de acordo com o relevo. Todavia, estes indicadores podem ser alterados por trabalhos de manutenções, o que não acontece com as árvores. Assim, os vegetais são melhores indicadores de movimentação do solo. Nas árvores, o lento movimento causando a sua inclinação não é rápido o bastante para derrubá-la, permitindo que a mesma possa procurar manter-se verticalizada durante seu crescimento, resultando em um troco curvo. E esta curvatura da árvore é um sinal de movimento do terreno relevo abaixo.

Outro aspecto encontra-se no perfil de solo onde a velocidade de deslocamento ocorre diferente nos horizontes, sendo mais rápida na superfície.

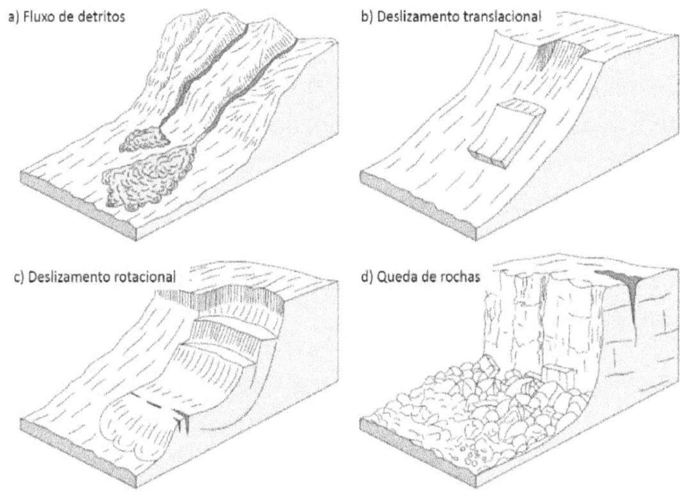

Figura 11.1.1. Blocos diagramas representando alguns movimentos de massa. Fonte: modificado de Huggett, 2007.

Outros movimentos que apresentam velocidade variando de lenta a moderada são alguns tipos de **deslizamentos** e **escorregamentos** (figura 11.1.1). Envolvendo movimentos de solos e rochas, podendo ser de caráter rotacional ou translacional. Quando a superfície de ruptura apresenta curvatura, semelhante a um movimento circular, este deslocamento de material é dito rotacional. Entretanto, quando a superfície de ruptura apresenta geometria planar este deslocamento e classificado como translacional (figura 11.1.1).

Outro movimento de velocidade moderada é o fluxo de detritos, entretanto, pode alcançar velocidades maiores ocorrendo também como movimento de massa rápida. É caracterizado por massa de solo contendo fragmentos de rochas que se movem pelo relevo afunilando-se pelos canais das drenagens, arrastando vegetações e outros fragmentos em seu caminho, resultando em um depósito espesso de material (figura 11.1.2).

Semelhante a este último, o deslizamento de detritos, diferencia-se pelo maior teor de umidade, o que faz com alcance distâncias maiores por apresentar maior fluidez. Quando o material é composto principalmente por sedimentos argilosos o deslocamento é descrito como fluxo de lama. Ocorrendo principalmente em encostas de vulcões quando a cinza mistura-se com água da chuva.

Figura 11.1.2. Movimento de massa na forma de fluxo de detritos. Fonte: Braxmeier, 2015.

Movimentos rápidos existem, principalmente, na forma de avalanches e quedas de rochas. Avalanche de rochas e solos alcançam grandes distâncias, geralmente, desencadeadas por abalos sísmicos, sendo de caráter mais destrutivo. Sendo mais comum em regiões montanhosas facilitados pelo intemperismo e formação de solos, associados com fraturas, clivagens, acamamento e outras feições pré-existentes. Seus resultados formam solos de coluvião ou depósitos de tálus.

Figura 11.1.3. Blocos e fragmentos rochosos rolados e depositados em relevo montanhoso. Fonte: Crestani, 2016.

A queda de rochas é o deslocamento de blocos rochosos em áreas de relevo íngreme onde as mesmas despencam e descem a encosta rolando (figura 11.1.3). Apesar de ser um movimento muito rápido não apresenta grandes distâncias. Enfraquecimento da rocha pelo intemperismo favorece a queda, onde, em regiões glaciais, o congelamento de água nas fendas, expandindo-a, desencadeia a queda do fragmento rochoso.

Assim, podemos entender como causas naturais para as movimentações de massas, eventos relacionados a intensidade das chuvas, água de degelo em regiões frias, intemperismo da rocha, abalos sísmicos, tsunamis entre outros fenômenos. A água de degelo em combinação com chuvas durante o verão em regiões de clima frio, promovem diversos deslocamentos de material rochoso e solo. Isto combinado com planos de fraqueza promovidos por movimentos tectônicos deixam rochas e solos mais susceptíveis a deslizamentos.

Figura 11.1.4. Resultado de fluxo de detritos ocorridos na região de Nova Friburgo, Rio de Janeiro. Fonte: Imagem de Robson Bonin, 2011.

Um exemplo é o movimento de massa que ocorreu na cidade de Khait no Tadijiquistão em 1949. Nesta região, uma série de pequenos sismos abalaram o solo por alguns dias. Entretanto, no dia 10 de julho de 1949 as 09:45, horário local, um sismo de magnitude 7,5 sacudiu as montanhas provocando a queda de blocos de rocha. Estes blocos juntamente com uma grande quantidade de detritos e uma grande nuvem de poeira varreram o vale destruindo todo em seu caminho. Atingindo parte da cidade de Khait em poucos minutos (Yablokov, 2001).

Além deste, existem uma série de movimentos de massa que ficaram registrados na história como os que ocorreram em 1806 na cidade de Goldau (Suiça), deslizamento de rochas em Cap Diamant, Quebec (Canadá) em 1889, Cidade Frank (Canadá) em 1903, entre outros. Dos exemplos mais recentes podemos citar os movimentos de massa na forma de deslizamentos e fluxos de detritos que ocorreram em janeiro de 2011 no Rio de Janeiro atingindo as cidades de Nova Friburgo, Teresópolis, Petrópolis, Bom Jardim, Sumidouro e São José do Vale do Rio Preto (figura 11.1.4). Assim como o deslizamento de terra que ocorreu na vila de Malin em Maharashtra, Índia em 30 de julho de 2014.

Entretanto, apesar de grande parte dos movimentos de massa ocorrerem por efeitos naturais, a atividade humana também promove diversos casos de dispersão de massa. Como o que ocorreu na Barragem de Vajont no norte da Itália em 9 de outubro de 1963. Nesta obra, durante o processo de enchimento da barragem o solo das margens em contato com a água começou a movimentar-se relevo abaixo. Até que uma grande quantidade de rocha e solo deslizou para dentro da represa provocando um tsunami transbordando um fluxo de lama que atingiu várias aldeias e cidades. Um dos exemplos que demonstra a importância de estudos geotécnicos e geológico como fatores essenciais de estabilidade e segurança de grandes obras.

11.2. Taludes

As encostas e superfícies inclinadas de solos são analisadas a partir de uma superfície horizontal e denominadas de taludes. Sendo de origem natural ou produzidas por atividades humanas, como, por exemplo, no corte de solos durante aberturas de estradas, estas estruturas apresentam-se como importantes elementos a serem considerados em projetos de engenharia (figura 11.2.1).

Figura 11.2.1. Talude de corte, Rodovia AM-070. Fonte: próprio autor.

Naturalmente estas feições podem alcançar grandes dimensões, como é o caso do talude que marca o final da plataforma continental brasileira, onde águas rasas passam para ambientes de águas profundas. Ou em pequenas dimensões como em serviços de corte e aterro.

Em projetos de engenharia os taludes podem apresentar grandes desafios com relação a sua estabilidade, pois movimentos de massa associados a eles são comuns. Causando obstrução das vias de acesso além de outros problemas relacionados aqueles citados nos movimentos de massa do capitulo 11.1.

Os principais elementos utilizados para estudos de taludes são o ângulo de inclinação (β) do talude, ângulo de atrito interno (ø), peso especifico do solo (γ), coesão (*c*), altura do talude (H), além de composição mineral, aspectos granulométricos, permeabilidade e nível da água subterrânea (figura 11.2.2).

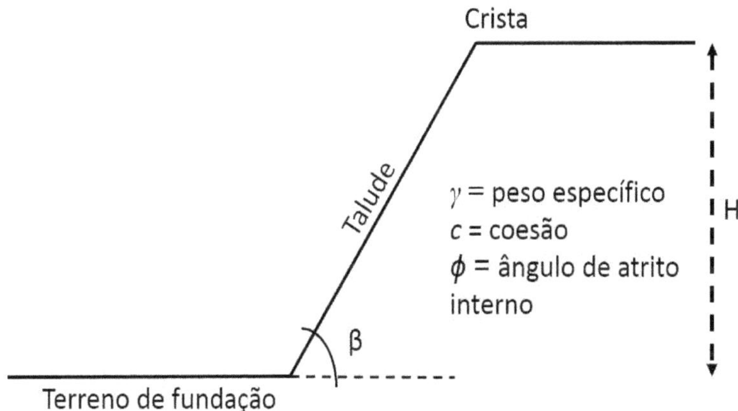

Figura 11.2.2. Elementos constituintes para análise de taludes. Fonte: próprio autor.

O estudo para definição de sua estabilidade é feito a partir da determinação do fator de segurança (F_s). Parâmetro que leva em consideração a relação entre as tensões resistentes e tensões solicitantes que envolvem o corpo do talude como apresenta as equações 11.2.1 e 11.2.2. Quando é considerado a coesão do corpo de solo que forma o talude e a coesão desenvolvida ao longo da superfície ou plano de ruptura o fator de segurança pode ser calculado como demonstra a expressão 11.2.3. Assim como pode ser calculado um fator de segurança observando o ângulo de atrito do corpo do talude e ao longo do plano de ruptura na expressão 11.2.4.

$$(11.2.1)\ F_s = \frac{tensões\ resistentes}{tensões\ solicitantes}$$

$$(11.2.2)\ F_s = \frac{\tau_f}{\tau_d}$$

$$(11.2.3)\ F_c = \frac{c}{c_d}$$

$$(11.2.4)\ F_\varphi = \frac{tg\varphi}{tg\varphi_d}$$

Onde, τ_f = tensão resistente no corpo do talude.

τ_d = tensão de cisalhamento ao longo da superfície de ruptura.

c = coesão do corpo do talude.

c_d = coesão ao longo da superfície de ruptura.

φ = ângulo de atrito interno médio do talude.

φ_d = ângulo de atrito ao longo da superfície de ruptura.

A relação entre as diferentes expressões para determinação do fator de segurança é:

$$(11.2.5) F_s = F_c = F_\varphi$$

As tensões resistentes estão relacionadas a coesão e atrito dos componentes sólidos responsáveis por manterem o maciço estável. Enquanto as tensões solicitantes são aquelas responsáveis pela movimentação do maciço, influenciados especialmente pelo peso do solo e presença de água.

Quando a relação entre as tensões apresenta fator de segurança igual a 1, é dito que o mesmo está em equilíbrio-limite. Entretanto, este é um parâmetro perigoso, pois as mudanças naturais ocorridas em períodos chuvosos e consequente aumento de água no solo a coesão é reduzida, modificando o F_s, causando o movimento do talude. De maneira geral é compreendido que o F_s maior ou igual a 1,5 determina uma situação adequada de estabilidade do maciço (tabela 11.2.1).

Além da variação da coesão de acordo com o teor de umidade o conteúdo de argilominerais presente também é um ponto que causa mudanças significativas. Pois argilas muito reativas (por exemplo: esmectitas) causam instabilidade quando em contato com a água devido a seu efeito expansivo, como descrito no capítulo 1.5.

Tabela 11.2.1. Fator de segurança e sua relação com o estado do talude.

Fator de segurança	**Situação**
Fs < 1	Instável
Fs = 1	Equilíbrio – limite
Fs > 1	Estabilidade
Fs > 1,5	Estabilidade adequada

A superfície que marca o contato do solo com a rocha ou a superfície determinada como mais susceptível a escorregamento é denominada **Superfície de Ruptura**.

11.2.1. Talude infinito

Quando se analisa apenas uma fatia do talude em um modelo matemático onde a altura é muito menor que sua extensão longitudinal e a superfície de ruptura paralela à superfície do talude, o mesmo é denominado talude infinito (figura 11.2.1.1). Podemos encontrar este tipo de situação em seções de solos delgados desenvolvidos em regiões serranas, onde a superfície de ruptura geralmente é o contato com a rocha. Nestes, quando não há percolação de água o fator de segurança é determinado de acordo com a equação 11.2.1.1. Enquanto para situações onde ocorre percolação permanente de água o fator é modificado para a equação 11.2.1.2.

Considerando o equilíbrio-limite, onde F_s = 1, a altura do talude é denominada altura crítica (H_{cr}), calculada como demonstra a equação 11.2.1.4.

$$(11.2.1.1)\ F_s = \frac{c}{\gamma_{sat}.H.cos^2\beta.tg\beta} + \frac{tg\varphi}{tg\beta}$$

$$(11.2.1.2)\ F_s = \frac{c}{\gamma_{sat}.H.cos^2\beta.tg\beta} + \frac{\gamma_{sub}tg\varphi}{\gamma_{sat}tg\beta}$$

Onde,

$$(11.2.1.3)\ \gamma_{sub} = \gamma_{sat} - \gamma_a$$

γ_{sat} = peso específico saturado.

γ_{sub} = peso específico submerso.

$$(11.2.1.4)\ H_{cr} = \frac{c}{\gamma}.\frac{1}{cos^2\beta.(tg\beta - tg\varphi)}$$

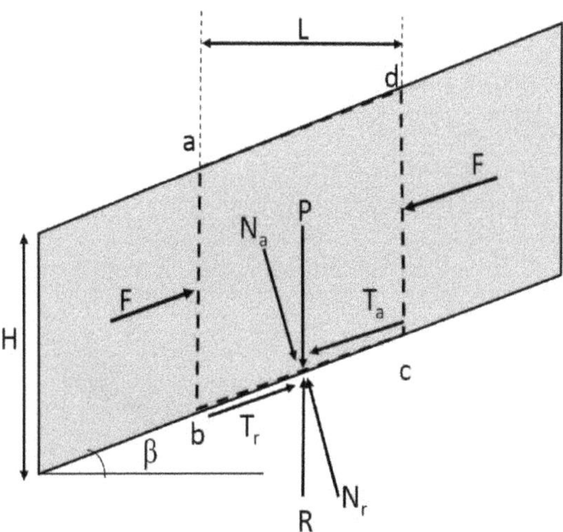

Figura 11.2.1.1. Análise física de um talude infinito sem percolação de água.

Exemplo 11.2.1.1. Em uma determinada fatia representativa de um talude apresentado na figura 11.2.1.2, determine o fator de segurança neste caso e descreva a situação aparente.

Resolução:

Utilizando a equação 11.2.1.1 para solos não saturados, temos:

$$F_S = \frac{28}{14.12.cos^2 35.tg35} + \frac{tg20}{tg35}$$

$$F_S = 0{,}87$$

Observação: como o F_s é menor que 1 o talude encontra-se instável, sujeito a deslocamento a qualquer momento. Pois as tensões relacionadas as forças solicitantes apresentam-se maiores que as forças resistentes.

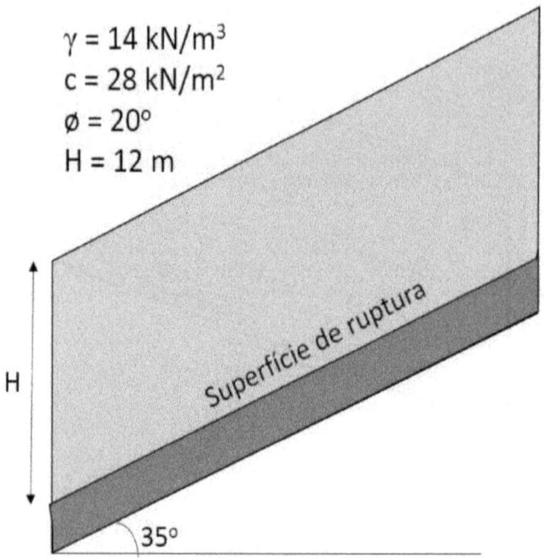

Figura 11.2.1.2. Parâmetros físicos em um talude infinito.

Exemplo 11.2.1.2. Considerando um talude como o apresentado na figura 11.2.1.3, onde há a percolação permanente de água através do solo, calcule o fator de segurança neste caso.

Resolução:

Utilizando a equação 11.2.1.3 para cálculo do peso especifico submerso, e com o peso especifico da água igual a 10 kN/m³, temos:

$$\gamma_{sub} = \gamma_{sat} - \gamma_a = 22 - 10 = 12\, kN/m^3$$

Assim, através da equação 11.2.1.2, obtemos:

$$F_s = \frac{28}{22.6.12.cos^2 15.tg15} + \frac{12.tg20}{22.tg15}$$

$$F_s = 1{,}58$$

Observação: o talude encontra-se em situação de boa estabilidade.

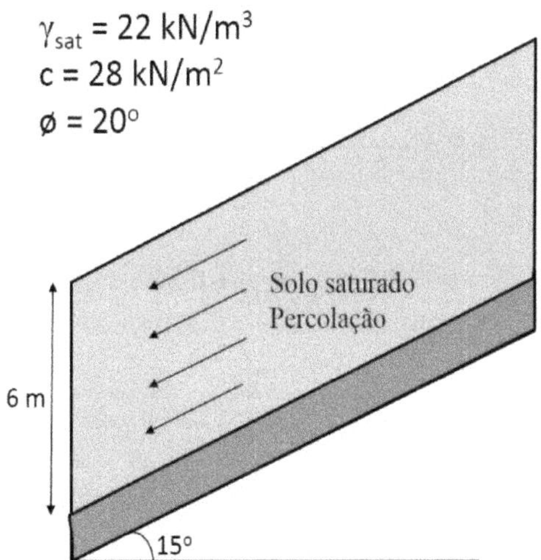

Figura 11.2.1.3. Parâmetros físicos em um talude infinito.

Exemplo 11.2.1.3. Em uma situação como a apresentada na figura 11.2.1.2, qual seria sua altura crítica?

Resolução:

Utilizando a equação 11.2.1.4, temos:

$$H_{cr} = \frac{28}{14} \cdot \frac{1}{cos^2 35.(tg35 - tg20)}$$

$$H_{cr} = 8,86\,m$$

Exemplo 11.2.1.4. Considerando a figura 11.2.1.2, qual a altura H para este talude alcançar um fator de segurança igual a 1,5?

Resolução:
Através da equação 11.2.1.1, temos:

$$F_s = \frac{c}{\gamma.H.cos^2\beta.tg\beta} + \frac{tg\varphi}{tg\beta}$$

$$1,5 = \frac{28}{14.H.cos^2 35.tg35} + \frac{tg20}{tg35}$$

$$1,5 = \frac{28}{6,57H} + 0,51$$

$$H = \frac{28}{6,57\,.\,0,99}$$

$$H = 4,3\,m$$

11.2.2. Talude finito

Em uma situação onde o talude analisado envolve a face inclinada, crista, terreno de fundação e todo o corpo do maciço de solo, este é denominado talude finito. O qual pode ser avaliado com relação a sua estabilidade por diversos métodos já desenvolvidos com os de Culmann, Bishop, Fellenius Morgenstern-Price, Spencer, Janbu, entre outros.

Os métodos de análise dividem-se em modelos que consideram a superfície de ruptura plana, como é o caso de Culmann, enquanto outros trabalham com superfícies curvas. Além de estudos que dividem o talude em fatias através de cálculos mais complexos e precisos.

O Método de Culmann é baseado em uma superfície de ruptura planar formando uma cunha de deslocamento do solo (figura 11.2.2.1). Sendo um modelo que apresenta maior precisão para taludes verticais ou com alto ângulo β (Massad, 2003). Enquanto, outros métodos como os de Bishop e Fellenius usam superfícies curvas com análises a partir de fatias da seção longitudinal (figura 11.2.2.2).

Na análise de Culmann, além do ângulo de inclinação do talude β é utilizado também o ângulo da superfície de ruptura θ. Onde a relação entre o peso P da cunha de solo representada pela feição triangular ABC, bem como as tensões derivadas do movimento, permitem o uso das equações 11.2.2.1, 11.2.2.2 e 11.2.2.3. Utilizadas para resolução de problemas e compreensão da situação de taludes verticais ou de alto ângulo, onde este tipo de análise é mais aconselhável.

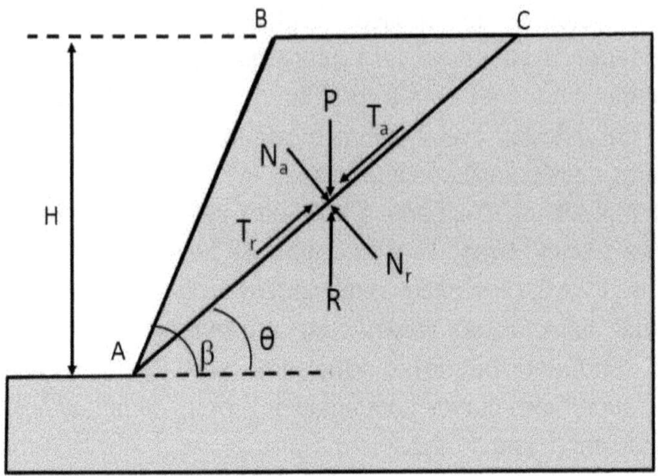

Figura 11.2.2.1. Talude finito através do Método de Culmann. Fonte: Modificado de DAS (2011).

$$(11.2.2.1)\ \theta_{cr} = \frac{\beta + \varphi_d}{2}$$

$$(11.2.2.2) c_d = \frac{\gamma H}{4} . \frac{1 - \cos(\beta - \varphi_d)}{sen\beta . cos\varphi_d}$$

$$(11.2.2.3)\ H_{cr} = \frac{4c}{\gamma} . \frac{sen\beta . cos\varphi}{1 - cos(\beta - \varphi)}$$

Onde, θ = ângulo da superfície de ruptura.
θ_{cr} = ângulo crítico da superfície de ruptura.

Exemplo 11.2.2.1. Qual seria a altura de corte de um talude para obter um fator de segurança igual a 2 de acordo com as informações abaixo?
$\gamma = 18\ kN/m^3$, $c = 22\ kN/m^2$, $\varphi = 20°$, $\beta = 60°$.

Resolução:

Utilizando as equações 11.2.3 e 11.2.4, obtemos o valor de coesão e ângulo de atrito interno no plano de ruptura:

$$F_c = \frac{c}{c_d}$$

$$c_d = \frac{c}{F_c} = \frac{22}{2} = 11\ kN/m^2$$

$$F_\varphi = \frac{tg\varphi}{tg\varphi_d}$$

$$tg\varphi_d = \frac{tg\varphi}{F_\varphi} = \frac{tg20}{2} = 0{,}18198511$$

Onde, pelo arco tangente:

$$tg^{-1}(0{,}18198511) = 10{,}3141$$

$$\varphi_d = 10^o 18' 50''$$

Assim, podemos utilizar a equação 11.2.2.2, obtendo a altura do corte:

$$H = \frac{4c_d}{\gamma} . \frac{sen\beta . cos\varphi_d}{1 - \cos(\beta - \varphi_d)}$$

$$H = \frac{4 . 11}{18} . \frac{sen60 . cos10{,}31}{1 - \cos(60 - 10{,}31)}$$

$$H = 5{,}89\ m$$

No método de fatias, admitindo uma superfície de ruptura curva, o solo do talude é subdividido em fatias verticais sendo cada uma avaliada de acordo com as tensões envolvidas (figura 11.2.2.2). Neste caso é determinado o centro e o raio de um arco de circunferência que representa a superfície de ruptura.

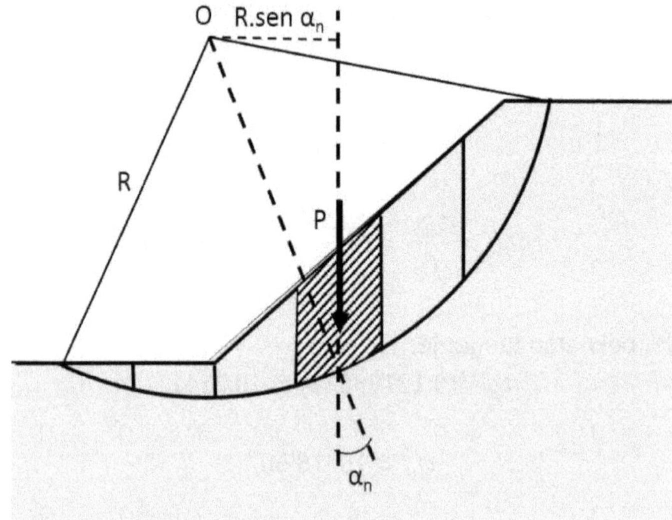

Figura 11.2.2.2. Estudo do talude através do Método Sueco ou de fatias. Fonte: modificado de MASSAD (2003).

Na fatia do solo é levado em consideração o peso P, as tensões tangentes T e F, a componente normal N_r e a tangencial T_r na base da fatia, a espessura L_n e o ângulo α_n (figura 11.2.2.3). Este último, α_n, é o ângulo formado pela linha vertical de um triangulo retângulo relacionado ao centro do arco e a metade da fatia de solo. E os cálculos são feitos repetidamente para cada uma das fatias. Assim, o fator de segurança será a somatória de todos os elementos que representam a resistência do solo dividida pela somatória que representa as forças solicitantes (equação 11.2.2.4).

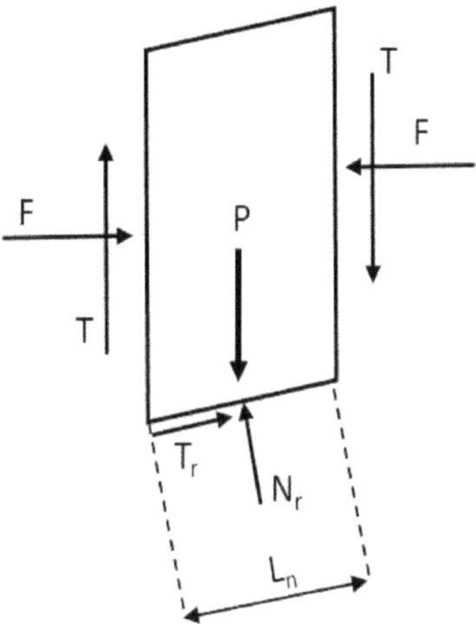

Figura 11.2.2.3. Forças atuantes em uma fatia de solo. FONTE: Modificado de MASSAD (2003).

$$(11.2.2.4)\ F_s = \frac{\sum cL_n + Pcos\alpha_n . tg\varphi}{\sum Psen\alpha_n}$$

Exemplo 11.2.2.2. Determine pelo Método Comum de Fatias o fator de segurança de um corte de talude projetado como apresenta a figura (11.2.2.4).

Resolução:

Levando em consideração uma superfície de ruptura curva que vai do pé até a crista do talude, é traçada a superfície representada pelo arco de circunferência com origem em O (figura 11.2.2.5).

Em seguida são traçadas as linhas pontilhadas que cruzam com a seta vertical para baixo indicadora do peso de cada fatia.

Os ângulos entre a linha pontilhada e as setas são medidos obtendo o ângulo α.
A área de cada fatia é calculada e registrada a largura na tabela 11.2.2.1 de acordo com a escala.
É feito o cálculo do peso da fatia como demonstra a equação (11.2.2.5).

$$(11.2.2.5)\ P = \gamma A$$

A = área da fatia.

Com estes dados, agora é possível calcular todos os demais fatores como demonstra as tabelas 11.2.2.2 e 11.2.2.3.
O fator de segurança é obtido a partir do uso da equação 11.2.2.4, utilizando o resultado da tabela 11.2.2.3:

$$F_s = \frac{\sum cL_n + Pcos\alpha_n . tg\varphi}{\sum Psen\alpha_n}$$

$$F_s = \frac{653,889}{262,328}$$

$$F_s = 2,49$$

Obs.: O talude apresenta boa estabilidade.

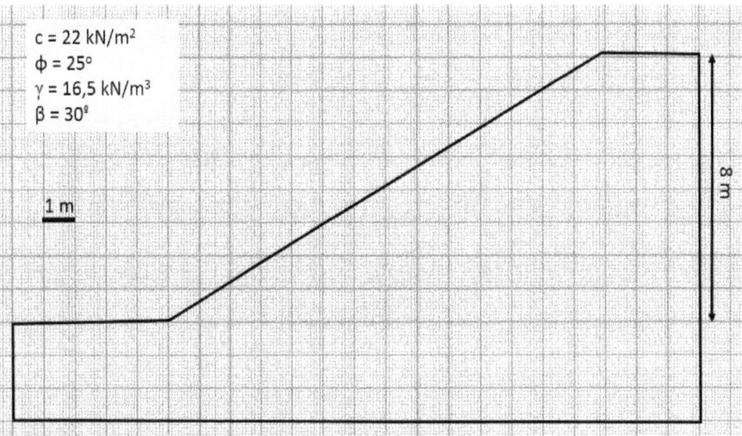

Figura 11.2.2.4. Aspetos físicos do talude.

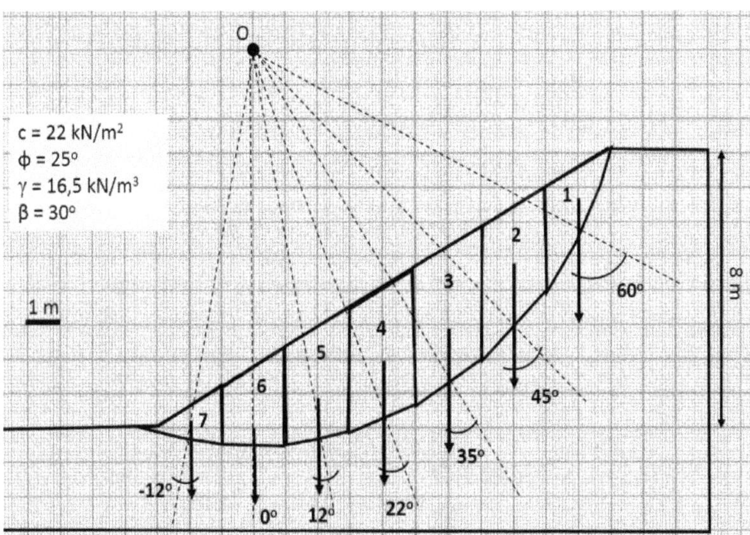

Figura 11.2.2.5. Análise do talude através do Método Comum de Fatias.

Tabela 11.2.2.1. Cálculo para análise de estabilidade do talude.

Fatias	α	A (m^2)	P (kN)	L (m)
1	60	3,5	57,75	4,5
2	45	6,5	107,25	2,6
3	35	8	132	2,4
4	22	7,5	123,75	2,3
5	12	6,2	102,3	2,2
6	0	4,5	74,25	2
7	-12	2	33	2,4

Tabela 11.2.2.2. Cálculos para análise do talude.

cosα	senα	tgφ
0,500	0,866	0,466
0,707	0,707	0,466
0,819	0,574	0,466
0,927	0,375	0,466
0,978	0,208	0,466
1,000	0,000	0,466
0,978	-0,208	0,466

Tabela 11.2.2.3. Cálculos para análise do talude.

Fatia	cL+Pcosαtgϕ	Psenα
1	112,465	50,013
2	92,563	75,837
3	103,221	75,712
4	104,104	46,358

5	95,061	21,269
6	78,623	0,000
7	67,852	-6,861
Total	**653,889**	**262,328**

Outro meio interessante de análise de taludes é o Método de Elementos Finitos apresentados por Whitman e Bailey (1967), sendo desenvolvido nos anos seguintes de acordo a melhoria dos modelos produzidos em computadores, como os trabalhos apresentados por Smith e Hobbs (1974), Griffiths (1989), Griffiths e Lane (1999), entre outros. Neste modelo a seção do talude é dividida em pequenos polígonos, o solo com propriedades conhecidas, tem suas tensões e campos de deslocamentos determinados. Tensões e deformações são calculadas nos vértices ou nós dos polígonos (figuras 11.2.2.6 e 11.2.2.7).

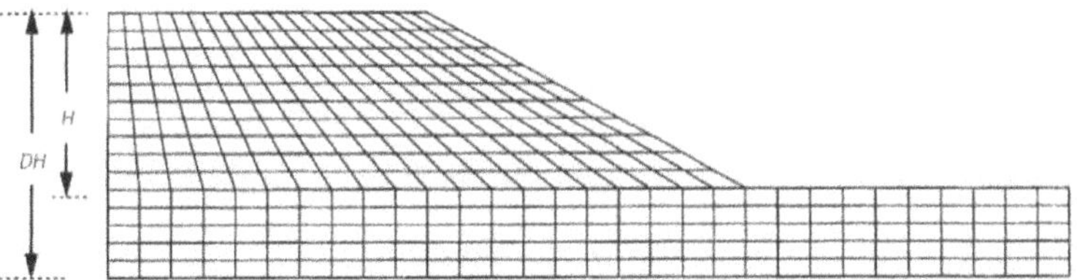

Figura 11.2.2.6. Talude e terreno de fundação em computação gráfica para análise através do Método de Elementos Finitos. Fonte: Griffiths e Lane (1999).

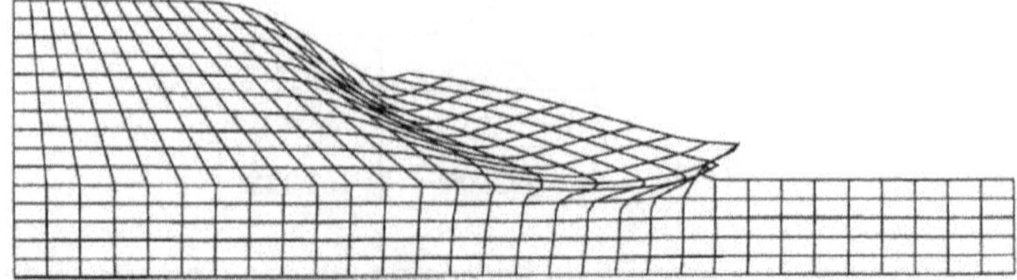

Figura 11.2.2.7. Deformação do talude através do Método de Elementos Finitos. Fonte: Griffiths e Lane (1999).

Atualmente, com avanço tecnológico e o desenvolvimento de novos softwares aplicados a engenharia, muitos serviços de engenharia tornaram-se mais práticos e com maior qualidade. Assim, todos estes métodos apresentados para análise de taludes encontram-se hoje condensados em programas específicos como é o caso dos softwares: Slope, Sigma, Slide2, Slide3, RS2, RS3, GEO5, etc.

A grande diferença dos métodos tradicionais com relação ao uso de softwares é a rapidez e grande quantidade de resultados produzidos pelos softwares. Fornecendo a visualização de uma gama maior de possíveis superfícies de rupturas em um talude, apresentando resultados mais próximos a realidade.

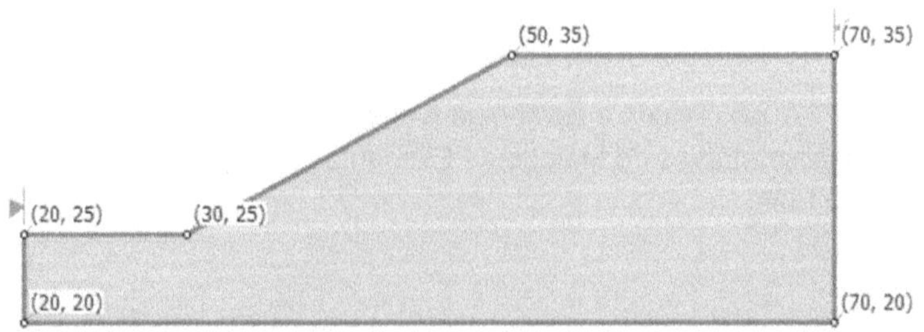

Figura 11.2.2.8. Geometria de talude no software Slide2. Fonte: Rocscience (2022).

O trabalho com uso de softwares, de maneira geral, tem início a partir da delimitação de uma seção longitudinal do talude. Isto é feito inserindo as coordenadas topográficas x e y que delimitam a profundidade e a extensão do maciço (figura 11.2.2.8). Definição das características físicas do solo como coesão, ângulo de atrito interno e peso especifico. Escolha do método a ser aplicado. Definição do grid para análise no sistema equilíbrio-limite com geração das superfícies curvas de ruptura. Posição do grid com relação ao talude para a geração dos centros do arco de circunferência. Assim, ao ser acionado os cálculos são realizados em poucos segundo apresentando milhares de condições possíveis com escala de cores definindo as zonas de instabilidade e estabilidade. O que permite ao profissional escolher com maior precisão o centro do arco da superfície de ruptura para a condição de equilíbrio-limite (figura 11.2.2.9).

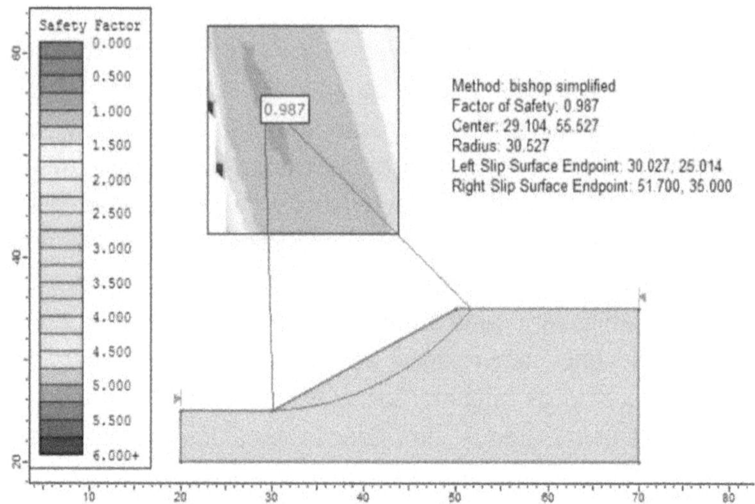

Figura 11.2.2.9. Exemplo de análise de estabilidade de talude pelo software Slide. Fonte: Rocscience (2022).

No exemplo apresentado na figura 11.2.2.7 é possível ver o valor do Fator de Segurança no quadro superior onde é posicionado com o mouse o centro do arco. Ao mover o centro no software apresentado, a superfície de ruptura também muda de posição de acordo com o resultado, o que permite analisar a situação do nível mais seguro ao de menor segurança de estabilidade. Melhorando a forma de estudar estas feições geomorfológicas a partir de uma grande quantidade de resultados.

11.3. Questões

1. Em um trabalho de pesquisa sobre estabilidade de taludes infinitos foram coletadas as informações na tabela 11.3.1. Quais os fatores de segurança e a situação de estabilidade presente nestes casos de acordo com as informações?

Tabela 11.3.1. Características dos taludes sem percolação de água.

$c(kN/m^2)$	$\gamma(kN/m^3)$	H(m)	β	φ	F_s	Estabilidade
36	14	12	60	20		
33	10	5	22	21		
13	16	15	80	19		
15	15,5	4	20	20		
30	12	8	20	22		
34	14	9	30	18		
24	16	7	32	20		
38	14	12	70	22		
40	10	16	26	19		

Resposta:
0,70; 2,85; 0,37; 1,75; 2,08; 1,18; 1,05; 0,85; 1,34.

2. Com base nos dados da tabela 11.3.2 calcule o fator de segurança e descreva a situação dos taludes infinitos com percolação de água.

Tabela 11.3.2. Informações sobre taludes infinitos com percolação permanente de água.

$c(kN/m^2)$	$\gamma_{sat}(kN/m^3)$	H(m)	β	φ	F_s	Estabilidade
11	19	8	12	22		
18	20	6	20	20		
29	19	7	15	18		
23,5	18	4	28	20		
38	19	8	12	22		
34	18	10	30	19		
24	19	4	25	20		
38	18	12	30	22		
40	17,5	16	26	19		

Resposta:

1,25; 0,96; 1,44; 0,09; 2,12; 0,70; 1,19; 0,71; 0,66.

3. A figura 11.3.1 apresenta a situação física observada em um talude. Calcule o fator de segurança e descreva a situação de estabilidade com base nos resultados.

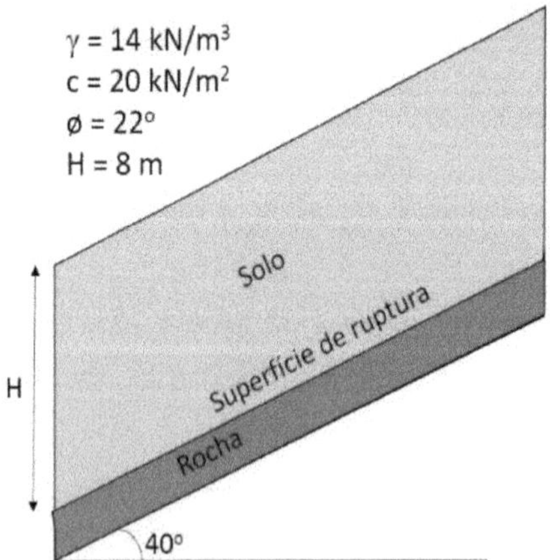

Figura 11.3.1. Aspectos físicos de um talude infinito.

Resposta: 0,84.

4. Qual seria a altura necessária do talude apresentado na figura 11.3.1 para alcançar o estado de equilíbrio-limite?

Resposta: 5,6 m

5. Observando a situação do talude apresentado na figura 11.3.1, qual seria a altura H do talude para um fator de segurança igual a 1,5?

Resposta: 2,8 m.

6. A tabela 11.3.3 apresenta dados de taludes infinitos. Calcule a altura crítica dos taludes apresentados.

Tabela 11.3.3. Aspectos físicos do talude.

$c(kN/m^2)$	$\gamma(kN/m^3)$	β	φ	H_{cr} (m)
26	16	30	22	
28	14	35	20	
30	12	60	19	
27	18	45	20	

Resposta: 12,5; 8,8; 7,2; 4,7.

7. Qual seria o fator de segurança do talude na figura 11.3.2 através do Método Comum de Fatias?

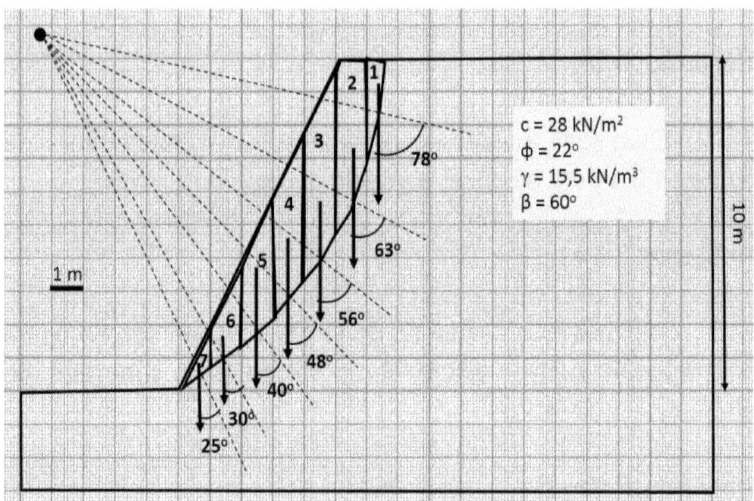

Figura 11.3.2. Aspecto do talude analisado pelo Método Comum de Fatias.

Resposta: 1,72

8. Encontre o fator de segurança e determine a situação de um talude representado na figura 11.3.3 a partir da superfície de ruptura delimitada através do Método Comum de Fatias.

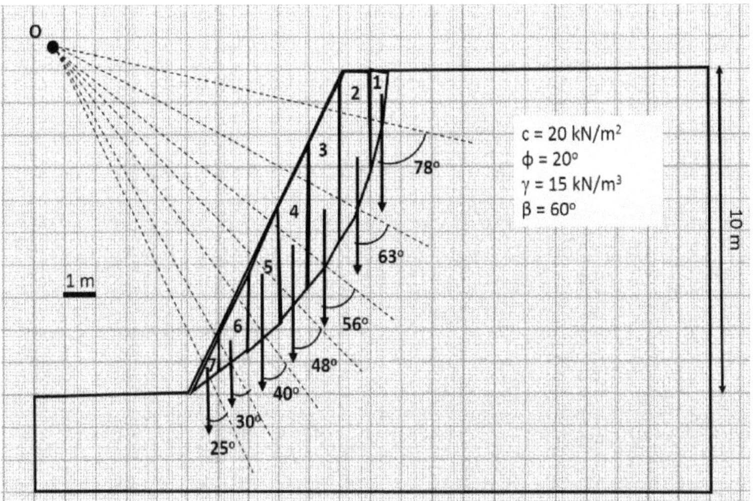

Figura 11.3.3. Aspecto físico de um talude apara avaliação de estabilidade.

Resposta: 1,32.

9. Determine a situação de estabilidade do talude a partir da superfície delimitada na figura 11.3.4.

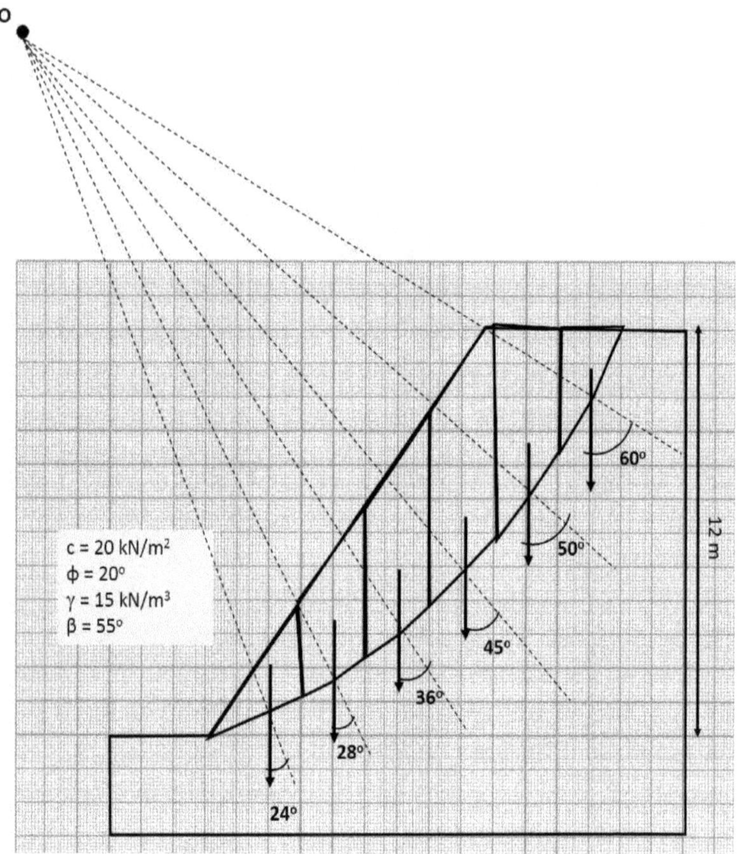

Figura 11.3.4. Aspectos físicos do talude analisado pelo Método Comum de Fatias.

Resposta: $F_s = 1{,}32$

PERSONAGENS IMPORTANTES

CARL CULMANN

(1821, Bad Bergzabern, Alemanha - 1881, Zurique, Suíça)

Engenheiro alemão cujos métodos gráficos de análise estrutural foram amplamente aplicados à engenharia. Em 1841, Culmann ingressou no serviço civil da Baviera como engenheiro de pontes cadete na divisão de construção ferroviária de Hof. Ele acabou sendo nomeado professor de ciências da engenharia no Instituto Federal Suíço de Tecnologia, Zurique (1855-1881). Em 1864, fez um relatório valioso sobre sua investigação dos córregos das montanhas da Suíça, cujo controle era um problema sazonal. Seu livro mais importante, *Die graphische Statik* (1865; "*Graphic Statics*"), apresentou um levantamento de todos os trabalhos conhecidos sobre o método gráfico de resolução de problemas estáticos e lançou as bases para seu uso como ciência exata.

Fonte: Britanica (2022).

FELLENIUS

Wolmar Knut Axel Fellenius nasceu em 10 de setembro em Viksberg, Suécia, e faleceu em 2 de setembro de 1957 em Estocolmo. Graduou-se como engenheiro civil pela Universidade Técnica de Estocolmo (*Stockholm Technical University*) em 1898 e depois foi inspetor de construção e chefe do departamento do porto de Gotemburgo até 1911. Depois de ter lecionado no *Chalmers Technical Institute* de 1906 a 1911, foi nomeado professor de hidráulica na a Universidade Técnica Real de Estocolmo (*Royal Technical University of Stockholm*) em 1911. Fellenius fundou lá um laboratório de hidráulica na década de 1920, e durante toda a sua carreira permaneceu também como consultor. Aposentou-se como professor em 1942. Ao longo de sua carreira profissional, Fellenius foi um engenheiro civil ativo, em particular em projetos portuários, preocupações em pescas e engenharia costeira. Ele é lembrado pelo Método de Fellenius aplicado à estabilidade de taludes por uma abordagem gráfica. É considerado um dos fundadores da mecânica dos solos, juntamente com Karl Terzaghi (1883-1963)

e Hans-Detlef Krey (1866-1928). Fellenius teve liderança na organização de associações, já que presidiu a Divisão de Educação Técnica da Sociedade Sueca de Engenheiros (*Division of Technical Education of the Swedish Society of Engineers*) e, na década de 1920, a Divisão de Construções Rodoviárias e Hidráulicas (*Highway Constructions and Hydraulics Division*). Fellenius foi presidente da IAHR (*International Association for Hydro-Environment Engineering and Research*) de 1935 a 1948, quando o terceiro Congresso da IAHR foi realizado em Estocolmo. Ele era um Cidadão Honorário da Universidade Técnica de Karlsruhe desde 1921, e um Doutor Honorário da Universidade Técnica de Darmstadt desde 1936.

Fonte: IAHR (2020).

12. SONDAGEM

Os solos apresentam diversas variações laterais relacionadas a falhas geológicas produzidas por movimentos tectônicos, susceptibilidade a reações químicas de intemperismo e natureza da rocha-mãe. Além de retrabalhamentos sedimentares por ações de vento, água, gelo, sismos, tsunames e movimentos de massa que produzem depósitos sedimentares recentes em contato com solos mais antigos. Outras variações importantes são as relacionadas com a profundidade que formam os diversos perfis verticais de solos. Variando de camadas superficiais com matéria orgânica, seguidas de horizontes argilosos, arenosos de cores variadas até a rocha-mãe, como foi apresentado no capitulo 1.4., sobre formação de solos.

O trabalho de investigação do subsolo conhecido como sondagem tem o objetivo de descrever as características físicas, químicas e mineralógicas dos solos e suas relações com substratos rochosos. Um serviço que varia de acordo com a profundidade de investigação necessária.

A profundidade de investigação possui amplitude desde vários quilômetros para análise de bacias sedimentares em trabalhos de prospecção de petróleo, gás e energia geotérmica, até pequenas profundidades para construção de uma residência. Tudo isto realizado com uso de equipamentos, técnicas e materiais variados de acordo com a extensão da área.

A sondagem profunda, geralmente utilizada por serviços de prospecção mineral ou para recursos enérgicos como petróleo e gás, utilizam métodos geofísicos seguidos de perfurações. As quais chegam a profundidades de até 7.000 metros nas bacias sedimentares de ambiente *offshore* do Brasil. Enquanto sondagens mais rasas envolvem trabalhos de engenharia para investigação de solos para estabilidade de obras como pontes, barragens, portos, entre outras relacionadas a projetos de fundações. Alcançando, neste último, profundidades de até 120 metros, como é o caso das fundações dos prédios *Petronas Tower* em Kuala Lumpur, Malásia.

12.1. Sondagens geofísicas aplicadas a engenharia

A utilização de sensores que captam parâmetros físicos como variações de corrente elétrica, campo magnético, temperatura, radiação gama e ondas sonoras para fins de produção de perfis de solos e mapeamentos do subsolo são exemplos de sondagens geofísicas. Usadas amplamente para pesquisas geológicas muitas destas tecnologias são também aplicadas a trabalhos de engenharias para investigação de solos e rochas auxiliando em trabalhos de geotecnia. Como por exemplo a aplicação de Georadar ou GPR, linhas de levantamentos elétricos, sísmica, entre outros métodos que permitem análise de aspectos físicos do solo.

12.1.1. Ground Penetrating Radar (GPR)

É um método geofísico que utiliza radiação eletromagnética na faixa de ondas de rádio para detecção de objetos, estruturas de solos e rochas. A profundidade de alcance deste método varia de acordo com a frequência e das propriedades elétricas do solo (tabela 12.1.1.1). Baixas frequências têm capacidade de alcançar profundidades maiores, enquanto alta frequência é utilizada para investigação de alguns centímetros. Entretanto, a baixa frequência apresenta imagens de baixa resolução, ao contrário da alta frequência que apresenta produtos de resoluções maiores.

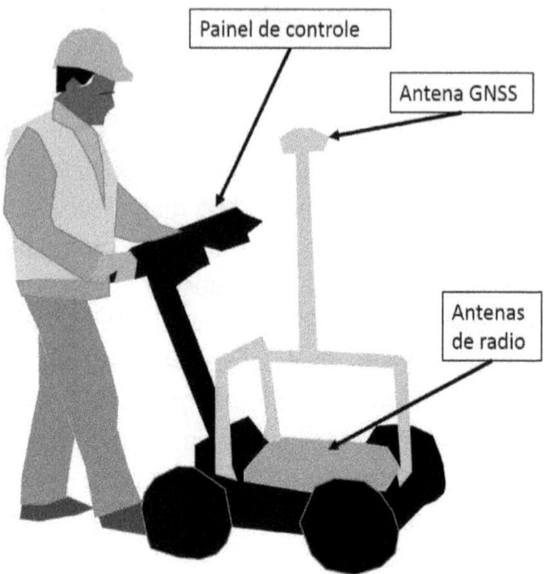

Figura 12.1.1.1. Componentes básicos de equipamento GPR.

O material analisado apresenta melhor condutividade permitindo a maior profundidade de investigação quando o meio apresenta baixo fator dielétrico, como por exemplo solos secos e concretos. As maiores profundidades de investigação com este método são obtidas no gelo onde pode-se investigar vários metros destas camadas até o substrato rochoso. Em solos secos, granitos e concretos pode-se obter boas imagens em profundidades de até 15 m. Entretanto em solos argilosos e saturados a profundidade de investigação é de apenas alguns centímetros.

Neste sentido a velocidade de propagação das ondas eletromagnéticas encontram-se relacionadas com a constante dielétrica dos materiais como demonstra a equação 12.1.1.1.

(12.1.1.1) $v = c / (k^{1/2})$

Onde v = velocidade da onda.
c = velocidade da luz.
k = constante dielétrica dos materiais.

Tabela 12.1.1.1. Constante dielétrica de alguns materiais, solos e rochas. Fonte: Porsani (1999).

Materiais	**Constante dielétrica (k)**
Ar	1
Água	81
Areia seca	2 – 6
Areia saturada	20 – 30
Argila seca	5
Argila saturada	40
Diabásio	7
Granito	5
Ferro	1
Aço	1
PVC	8
Asfalto	3 – 5
Concreto seco	5
Concreto saturado	12

Os equipamentos GPR possuem diversos formatos com objetivos distintos, indo desde pequenos equipamentos que identificam estrutura interna de paredes e calcadas, passando por equipamentos maiores semelhantes a cortadores de gramas que localizam estruturas de solos, tubulações e outros objetos (figura 12.1.1.1). O princípio funcional do equipamento é constituído de um painel de controle, uma antena emissora e outra receptora das ondas de rádio, bateria, decodificador e antena GNSS (*Global Navigation Satellite System*).

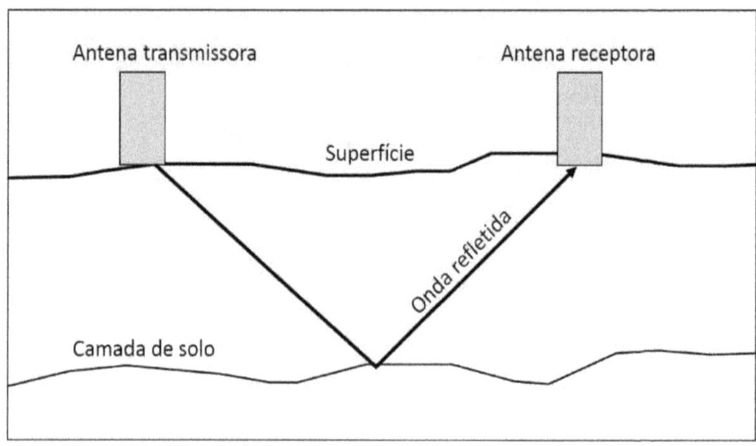

Figura 12.1.1.2. Princípio físico do método GPR.

O painel de controle possui tela direcionada para o operador onde apresenta a estrutura do solo ou objetos enterrados nas profundidades de investigação. Permite também a visão de todas as linhas de caminhamentos realizados unidas em imagem tridimensional do solo da área pesquisada. Algo que é possível porque todos os dados estão georreferenciados pelo uso da antena GNSS. A coleta de dados ocorre a partir da reflexão de ondas após o contato com os refletores (superfície de camadas ou objetos) retornando para a antena receptora (figura 12.1.1.2). Os dados são decodificados a apresentados no painel de controle. Para a realização do levantamento, este pode ser realizado por linhas predeterminadas no terreno formando um *grid* com linhas cruzadas que permitem uma imagem detalhada do solo.

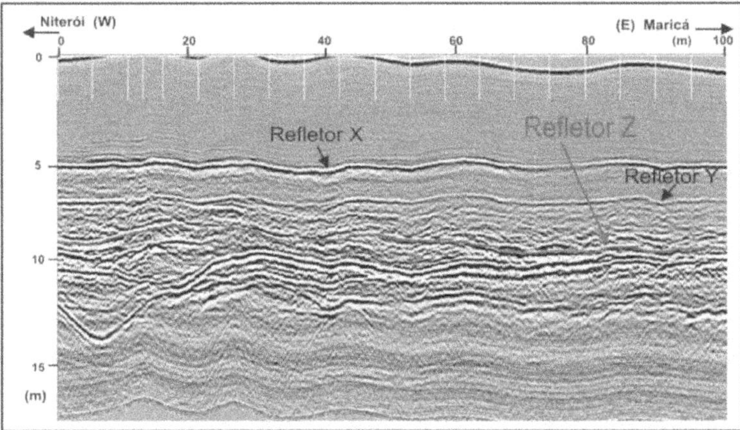

Figura 12.1.1.3. – Radargrama GPR, paralelo à praia de Itaipuaçú – Maricá (RJ). Fonte: Pereira *et al.* (2003).

Como exemplo de imagens geradas pelo método GPR podemos citar um levantamento realizado em praias de Maricá (RJ) apresentado na figura 12.1.1.3. Onde são identificados os topos de camadas indicadas pelos refletores X, Y e Z no trabalho de Pereira *et al.* (2003). Neste trabalho o refletor Z corresponde a uma camada de sedimentos. O refletor X representa o nível do lençol freático e o refletor Y uma camada com aumento de salinidade, matéria orgânica e argila (Pereira *et al.*, 2003).

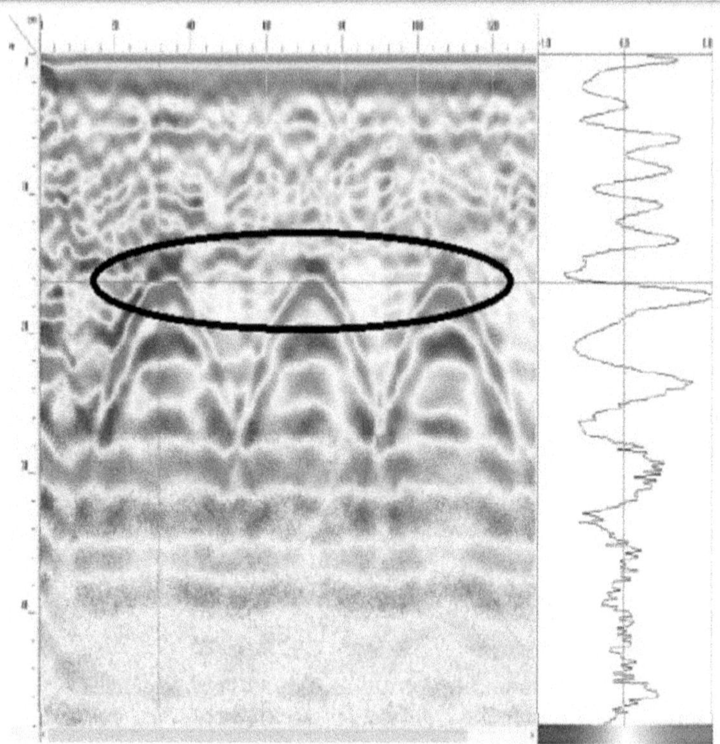

Figura 12.1.1.4. Imagem interna de laje de concreto com identificação da estrutura de aço obtida por GPR. Fonte: Aman *et al*. (2017).

Outro exemplo encontra-se no estudo de Amran *et al*. (2017) onde é demonstrado a aplicação do GPR na análise de fundação de construção através da identificação da estrutura de aço interna de peças de concreto (figura 12.1.1.4). Com imagens geradas através de ajuste da frequência das antenas, alcançado bons resultados para este fim com 900 MHz. Sendo possível estimar a espessura dos vergalhões usados na estrutura. Demonstrando também que o GPR, além de estudos do solo, é um dispositivo muito eficaz para localização e mapeamento de estruturas de aço em concreto. Descritas como avaliações não destrutivas destes materiais.

E finalmente, um outro estudo que apresenta resultados de imagens do solo produzidos por GPR apresentado na figura 12.1.1.5. Onde podemos observar, além das estruturas do solo em linhas levemente inclinadas para a esquerda, uma descontinuidade em forma de vale que representa locais escavados para deposição de resíduos.

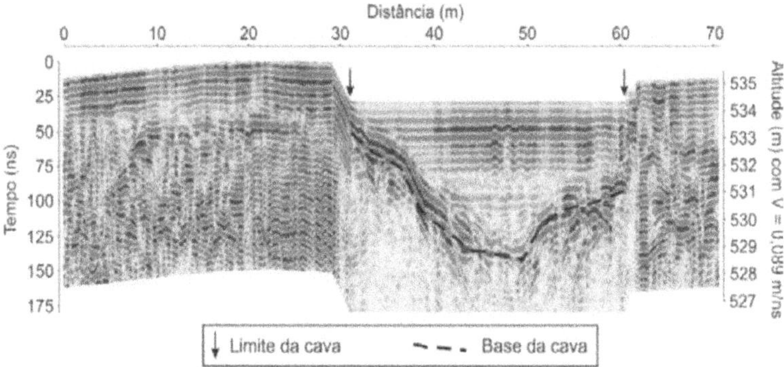

Figura 12.1.1.5. Seção de solo por GPR identificando antigas cavas para deposição de resíduos a uma profundidade de 5,45 m. Fonte: Borges *et al.* (2006).

12.1.2. Levantamento sísmico

A atividade geofísica conhecida como sísmica trabalha com reconhecimento de solos e rochas através de ondas mecânicas que retornam a superfície. Um método que ganhou muito desenvolvimento tecnológico pelo setor petrolífero para reconhecimento de bacias sedimentares. Estas ondas mecânicas podem ser geradas por terremotos (sismos) ou por fontes artificiais como caminhões de vibração, canhões de jatos de ar e água, marreta ou explosivos. As ondas atravessam os meios com diferentes velocidades dependendo dos aspectos físicos do material. São captadas por sensores conhecidos como geofones. O sinal é interpretado por softwares que permitem tratamento dos dados para retirada de ruídos e representar da melhor maneira possível as estruturas de solos e rochas. Apesar de ser uma técnica bastante utilizada para investigação da estrutura interna da Terra em uma escala global, também pode ser usada para profundidades menores. Como é o caso de investigação de bacias sedimentares e substratos rochosos para estudos de recursos minerais, aquíferos, padrões de estruturas geológicas entre outras finalidades. Assim, como esta técnica possui boa qualidade de representação do subsolo, permitindo auxiliar nos trabalhos de sondagens, a Geotecnia também utiliza o método para reconhecimentos de solos e rochas. São trabalhos realizados com finalidade de melhorar o reconhecimento de terrenos para definição de projetos de fundações, estabilidade de taludes, barragens, entre outros.

O método de levantamentos com a sísmica para reconhecimento de solos e rochas consiste na captação de ondas mecânicas geradas a partir de uma fonte artificial. As ondas que se propagam no meio são ondas do tipo P (compressional) e ondas S (cisalhante). Estas são refletidas e transmitidas com diferentes velocidades ao alcançarem as interfaces de camadas com características físicas distintas (figura 12.1.2.1). Estas ondas são assim identificadas em relação ao seu modo de propagação como demonstra a figura 12.1.2.2.

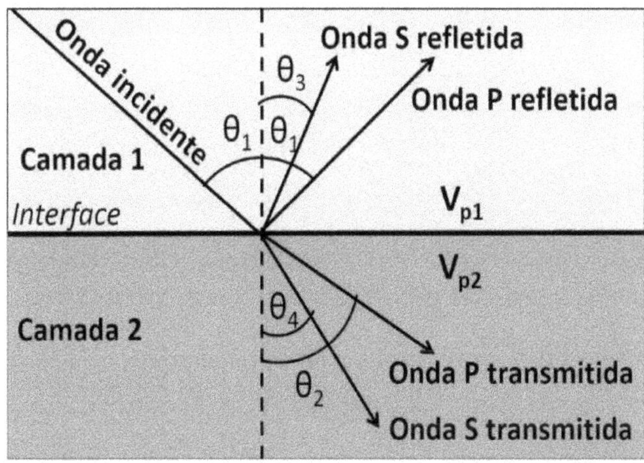

Figura 12.1.2.1. Representação das ondas refletidas e transmitidas a partir do contato com a interface de duas camadas de solo ou rocha. Θ_1, θ_2, θ_3, θ_4 representam os ângulos de reflexão e transmissão das ondas P e S geradas. V_{p1} e V_{p2} são velocidades das ondas nas camadas. Fonte: Kearey *et al.* (2009).

A onda P propagam-se por deformação uniaxial através de movimento de compressão e expansão na direção de propagação da onda. Enquanto a onda S propagam-se por meio de um cisalhamento puro numa direção perpendicular à direção de propagação da onda. Em que os movimentos das partículas individuais envolvem oscilação, ao redor de um ponto fixo, num plano perpendicular à direção de propagação da onda (Kearey *et al.*, 2009).

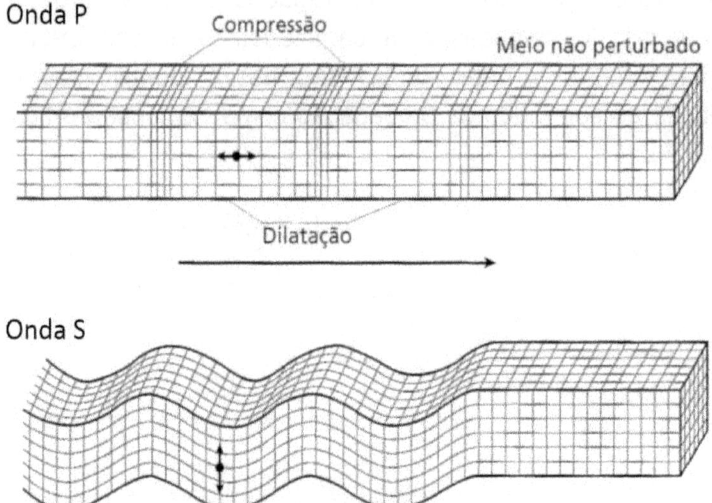

Figura 12.1.2.2. Aspecto do movimento das partículas no meio durante propagação das ondas P e S. Fonte: Kearey *et al.* (2009).

Em consequências das características de solos e rochas quanto a seleção de partículas, porosidade, compactação, tipo de fluidos nos poros, elasticidade e densidade do meio as velocidades das ondas são variadas. Apresentando alguns aspectos comuns entre os diferentes materiais como demonstra a tabela 12.1.2.1.

Como exemplo de aplicação de levantamentos sísmicos para reconhecimento de solos podemos citar o trabalho de Queiroz *et al.* (2016), apresentado na figura (12.1.2.4). Os quais apresentam resultados de levantamentos sísmicos para auxiliar sondagens SPT (*Standard Penetration Test*) em área da região de Caçapava do Sul, RS. Neste trabalho realizado sobre solos desenvolvidos a partir de granitos, foram identificados três horizontes: a) cor roxa para azul escuro; b) azul claro para verde e c) amarela para vermelho. Correspondentes as mudanças observadas em dados de SPT.

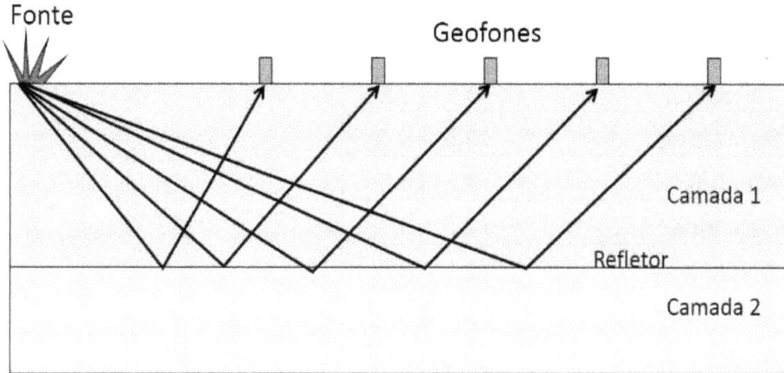

Figura 12.1.2.3. Configuração de levantamento sísmico apresentando a relação entre ondas refletidas ao encontrar superfície de nova camada. Fonte: próprio autor.

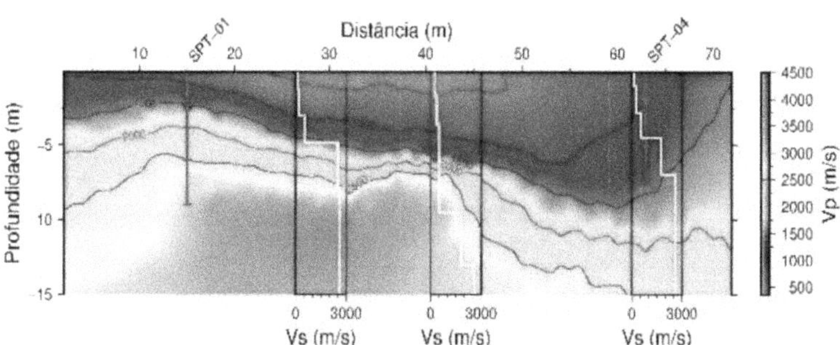

Figura 12.1.2.4. Seção sísmica rasa para investigação de solos. Fonte: Queiroz *et al.* (2016).

Tabela 12.1.2.1. Velocidades médias das ondas compressivas em diferentes materiais. Fonte: Kearey *et al.* (2009).

MATERIAIS	V_p (km/s)
Areia seca	0,2 – 1,0
Areia saturada em água	1,5 – 2,0
Argila	1,0 – 2,5
Till glacial	1,5 – 2,5
Permafrost	3,5 – 4,0
Arenitos	2,0 – 6,0
Calcários	2,0 – 6,0
Dolomitos	2,5 – 6,5
Sal	4,5 – 5,0
Anidrita	4,5 – 6,5
Gipso	2,0 – 3,5
Granito	5,5 – 6,0
Gabro	6,5 – 7,0
Ar	0,3
Água	1,4 – 1,5
Gelo	3,4
Petróleo	1,3 – 1,4
Aço	6,1
Ferro	5,8
Alumínio	6,6
Concreto	3,6

12.1.3. Eletrorresistividade

Levantamentos elétricos consistem na aplicação de métodos de como Resistividade, Polarização Induzida (IP) e Potencial Espontâneo (SP). Ambos utilizam as propriedades elétricas de solos e rochas, um aspecto resultante de porosidade, mineralogia e fluidos presentes. Permitindo a delimitação de camadas de solos e aspectos rochosos. Onde o método Resistividade ou Eletrorresistividade é um dos mais utilizado em trabalhos para investigação de solos, rochas e hidrogeológicos.

Neste método, são aplicadas correntes elétricas artificiais no solo, seguido de capitação das diferenças de potencial resultantes. O método mais comum utiliza corrente contínua, com exceção de alguns casos como uso de corrente alternada para a polarização induzida. Os desvios do padrão com um solo homogêneo fornecem os aspectos do solo analisado (Kearey *et al.*, 2009).

$$(12.1.3.1)\ \rho = \frac{R.A}{L}$$

A resistividade dos materiais (ρ) é definida através da passagem de uma corrente elétrica em um meio de comprimento L, resistência R e área de seção transversal A, de acordo com a equação 12.1.3.1.

Nos solos e rochas, apesar de alguns minerais de aspecto metálico como pentlandita, calcopirita, esfalerita, hematita, entre outros, apresentarem boa condutividade, a maioria dos minerais são isolantes. O que faz com que a corrente elétrica seja conduzida, principalmente, através de fissuras e espaços porosos. Desta maneira os resultados de resistividade refletem e são bastante influenciados pelos fluidos e porcentagem de porosidade. Permitindo interpretar o aumento da resistividade de um perfil de solo de acordo com a diminuição da porosidade.

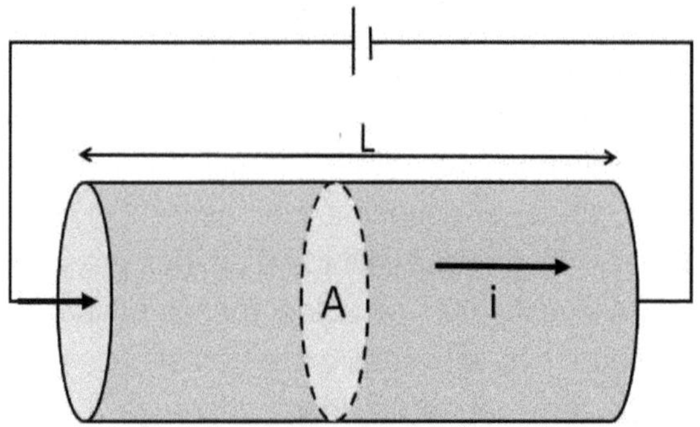

Figura 12.1.3.1. Desenho esquemático apresentando padrão para definição da resistividade. Fonte: próprio autor.

A configuração do circuito no solo de maneira geral consiste em posicionar os eletrodos de corrente nas extremidades e os eletrodos de tensão na área central. A corrente elétrica transita entre os eletrodos A e B e a diferença de potencial é medida entre os eletrodos centrais, M e N. Existindo dois tipos de arranjos muito comuns para estes levantamentos, Wenner e Schlumberger.

A profundidade Z de investigação aumenta de acordo com o aumento da distância L entre os eletrodos de corrente (A e B). Em uma relação onde, quando L = Z, cerca de 30% da corrente flui na profundidade Z, quando L = 2Z, aproximadamente 50% da corrente flui na profundidade Z. Lembrando que o aumento na profundidade de investigação está relacionado ao tipo de equipamento utilizado, em equipamentos para levantamento geotécnicos, 1 km é o limite para a profundidade a ser analisada.

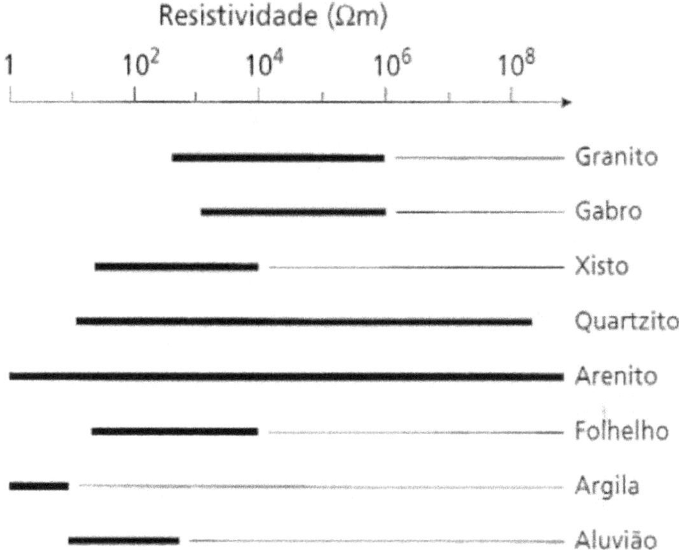

Figura 12.1.3.2. Resistividade de rochas e solos. Fonte: Kearey *et al.* (2009).

Utilizando o arranjo Wenner os eletrodos são dispostos equidistantes (figura 12.1.3.3.). Em um levantamento que pode ser iniciado com uma distância de 1 m entre os eletrodos, e que vai aumentando para 2, 4, 8, 16 e 32 m. Um aumento gradativo de acordo com a profundidade de investigação. A resistividade do solo utilizando a configuração Wenner é medida de acordo com a equação 12.1.3.2:

$$(12.1.3.2)\ \rho_a = \frac{2\pi . a . \Delta V}{i}$$

Onde, ρ_a = resistividade aparente ou resistividade média do terreno.

a = distância entre os eletrodos.

ΔV = diferença de potencial medida pelos eletrodos M e N.

i = valor da corrente elétrica.

Utilizando terrômetros comuns para medir a resistência do solo em levantamentos com o arranjo Wenner a equação anterior é modificada para a equação 12.1.3.3. Nestes aparelhos o valor de resistência (R) é apresentado no display permitindo o uso da equação para o cálculo da resistividade do solo. Onde o valor apresentado é correspondente a L = Z, profundidade equivalente a distância entre os eletrodos.

$$(12.1.3.3)\ \rho_a = 2\pi a R$$

Onde, R = (ΔV) / i

O método usando arranjo Schlumberger consiste em manter fixa a distância entre os eletrodos de tensão (M e N), alterando as distâncias entre os eletrodos de corrente (A e B) de acordo com o levantamento (figura 12.1.3.4).

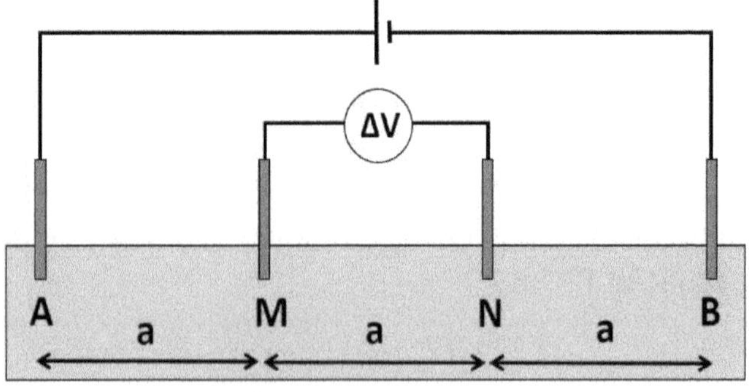

Figura 12.1.3.3. Arranjo de eletrodos para levantamento com método Wenner. Fonte: próprio autor.

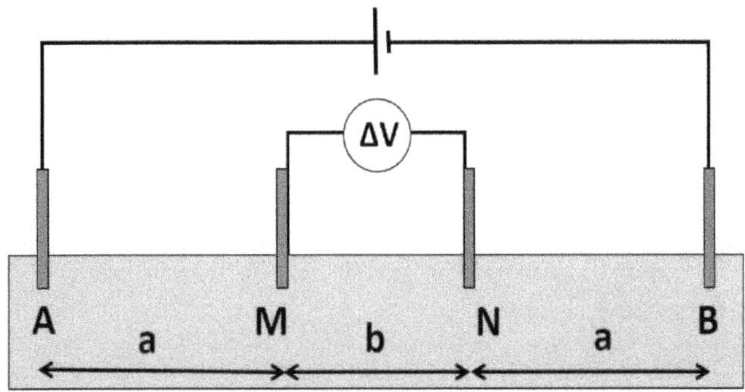

Figura 12.1.3.4. Arranjo de eletrodos para levantamento com método Schlumberger. Fonte: próprio autor.

Os levantamentos consistem em Sondagem Elétrica Vertical (SEV) e Caminhamento Elétrico (CST). No levantamento SEV os eletrodos de corrente são deslocados, cada vez mais distantes com relação a um ponto fixo central, aumentando a profundidade investigada. Permitindo que seja obtido um perfil vertical elétrico do solo. Enquanto o método CST consiste no deslocamento lateral de todo conjunto de eletrodos AMNB, produzindo um perfil elétrico lateral do solo.

Em trabalhos de campo os equipamentos principais utilizados são baterias, cabos elétricos, eletrodos e medidores de resistividade (figura 12.1.3.5). Como o trabalho exige várias horas em campo e deve ser realizado em dia ensolarado é importante o uso de um guarda-sol, protetor solar, óculos escuros além de dois auxiliares para a movimentação do conjunto de cabos e eletrodos.

Figura 12.1.3.5. Equipamentos típicos para levantamentos de eletrorresistividade. Fonte: https://www.terradat.co.uk/survey-methods/resistivity-tomography/.

Os resultados destes levantamentos permitem, após tratamento dos dados e furos de sondagens com amostras de solo, uma interpretação de alta qualidade do padrão de solos, rochas e materiais enterrados em uma determinada área. Como podemos observar no trabalho de Barker (1997) onde é apresentado um perfil lateral de solos e rochas realizados por trabalhos de geotecnia para projeto de construção de túnel. O trabalho é resultante de levantamentos de eletrorresistividade combinado com sondagens geológicas. Assim como um outro exemplo de análise do subsolo, realizado por Cavalcanti *et al.*, (2014) em seu estudo para análise de contaminação de solos em área de aterro sanitário (figura 12.1.3.7).

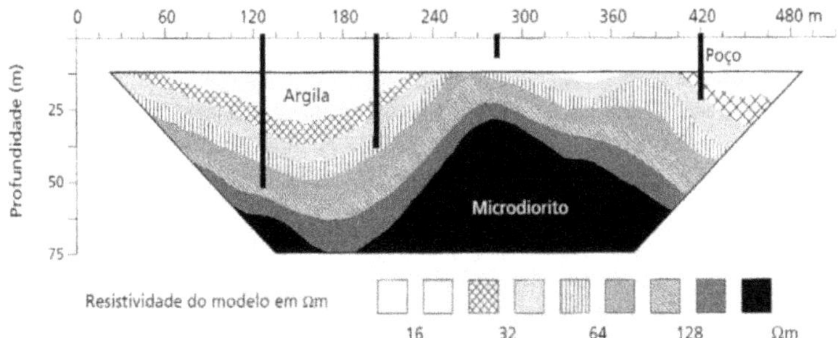

Figura 12.1.3.6. Perfil lateral de subsolo a partir de levantamentos elétricos e sondagem geológica. Fonte: Barker (1997).

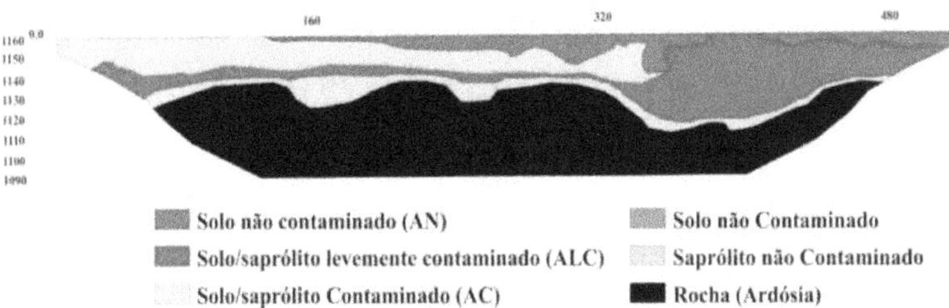

Figura 12.1.3.7. Seção geológica/geofísica a partir da combinação de dados elétricos e geoquímicos para análise de contaminação de solos. Fonte: CAVALCANTI *et al.*, (2014).

Exemplo 12.1.3.1. Após um levantamento para medidas de resistividade de solos para projeto de engenharia utilizando um terrômetro comum, foram obtidos os dados na tabela 12.1.3.1. Assim, calcule a resistividade das profundidades investigadas e crie o perfil vertical de resistividade.

Tabela 12.1.3.1. Dados de eletrorresistividade de solo.

a (m)	R (Ω)	ρ_a (Ω.m)
1	80,5	

2	52	
4	38	
8	21,2	
16	16,3	
32	7,9	
64	5,7	

Resolução:

Utilizando a equação 12.1.3.3, temos:

$$\rho_a = 2\pi a R$$

Substituindo os valores obtidos para a primeira medida temos,

$$\rho_a = 2\pi . 1 . 80{,}5 = 505{,}79\ \Omega m$$

Assim, repetindo o procedimento para as demais medidas obtemos a tabela 12.1.3.2.

Tabela 12.1.3.2. Resultados dos cálculos de resistividade.

a (m)	R (Ω)	ρ_a (Ω.m)
1	80,5	505,79
2	52	653,44
4	38	955,03
8	21,2	1065,61
16	16,3	1638,63
32	7,9	1588,37
64	5,7	2292,07

Após estes resultados, sabendo que a profundidade equivale a distância entre os eletrodos, podemos criar o perfil apresentado na figura 12.1.3.8.

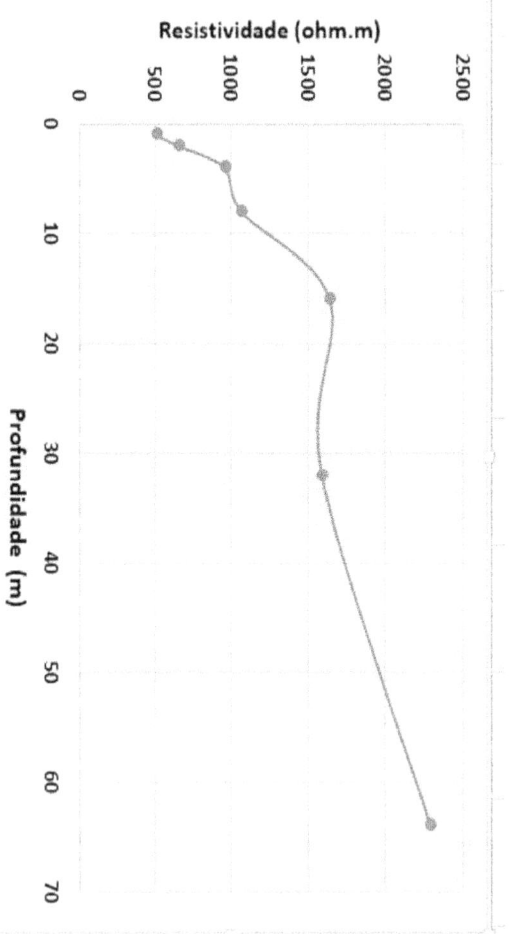

Figura 12.1.3.8. Perfil vertical de eletrorresistividade do solo analisado. Fonte: próprio autor.

12.2. Sondagem a trado

Método de coleta de amostras alcançando profundidades variando de 15 a 20 m, com perfuração realizada por método percussivo ou rotativo. Manual ou mecânico (motorizado) com uso de amostrador de lâminas cortantes espiraladas ou convexas (conchas). As especificações são determinadas pela NBR 9603.

As amostras coletadas são deformadas, recolhidas a cada metro perfurado ou quando houver mudanças de sedimento ou litologia.

Os materiais essenciais para a execução desta atividade consistem em:

a) Trado cavadeira com diâmetro mínimo de 63,5 mm.
b) Trado helicoidal com diâmetro mínimo de 63,5 mm.
c) Cruzetas, hastes e luvas de aço com diâmetro mínimo de 25 mm.
d) Chaves de grifo.
e) Medidor de nível de água.
f) Trena.
g) Recipientes para amostras.
h) Parafinas ou fitas colantes.
i) Sacos plásticos ou de lona.
j) Etiquetas para classificação.
k) Ponteira constituída por peça de aço terminada em bisel com 63 mm de largura e comprimento mínimo de 200 mm.

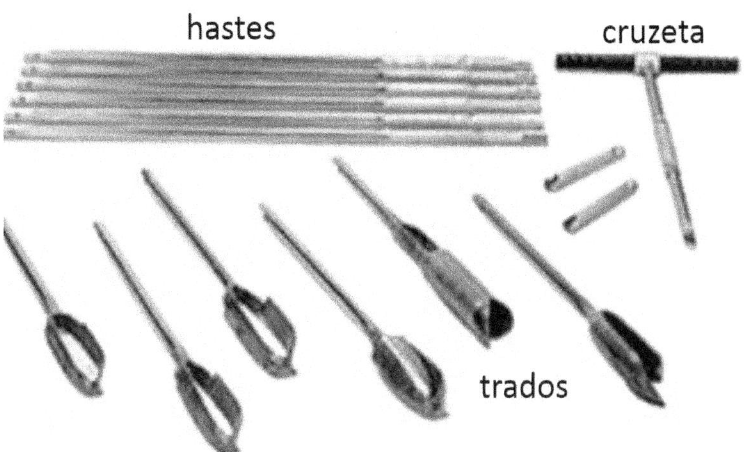

Figura 12.1.3.9. Equipamentos de trados para amostragem de solos. Fonte: solotest.com.

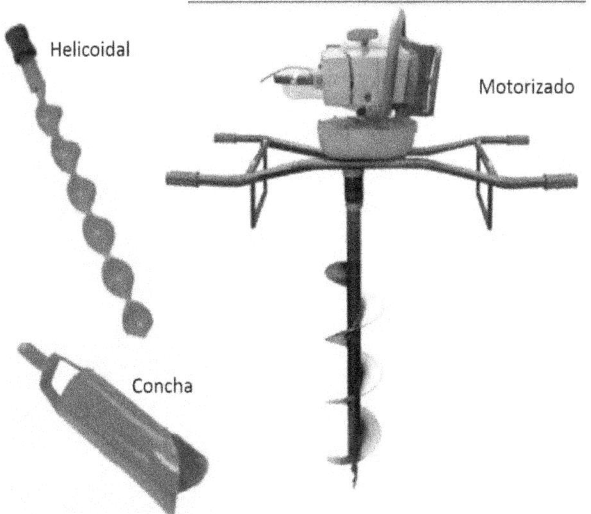

Figura 12.1.3.10. Tipos de trados. Fonte: solotest.com

12.3. Sondagem SPT

Este método, também descrito como Sondagem de Simples Reconhecimento, é um ensaio muito utilizado que apresenta dados geológicos e geotécnicos de resistência do solo.

O ensaio determinado pela NBR 6484 tem como objetivo principal a determinação de:

a) Tipos de solos.
b) Posição do nível da água subterrânea.
c) Índice de resistência a penetração (N_{SPT}) a cada metro.

Os componentes principais necessários para a execução do ensaio em campo são:

a) torre com roldana;
b) tubos de revestimento;
c) composição de perfuração ou cravação;
d) trado-concha ou cavadeira;
e) trado helicoidal;
f) trépano de lavagem;
g) amostrador-padrão;
h) cabeças de bateria;
i) martelo padronizado para a cravação do amostrador;
j) baldinho para esgotar o furo;
k) medidor de nível-d'água;
l) trena;
m) recipientes para amostras;
n) bomba d'água centrífuga motorizada;
o) caixa d'água ou tambor com divisória interna para decantação; e
p) ferramentas gerais necessárias à operação da aparelhagem.

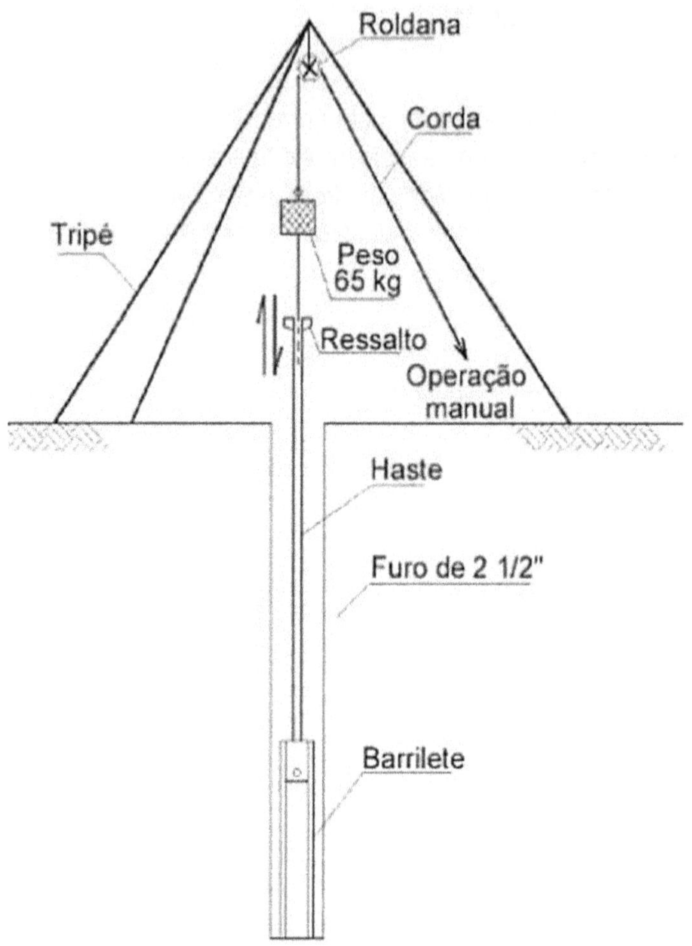

Figura 12.3.1. Elementos principais utilizados em sondagem a percussão com SPT. Fonte: Pinto (2002).

O método consiste na cravação de 45 cm de solo a partir do impacto obtido pela queda de um martelo com 65 kg de uma altura de 75 cm. A contagem do número de golpes do martelo é dividida em três sequências de 15 cm penetrados no solo. Onde são anotadas apenas as duas últimas sequências ou os 30 cm finais que correspondem ao número SPT (N_{SPT}). Este processo é repetido a cada metro perfurado.

O ensaio tem início após a localização do ponto no terreno, escavação inicial com trado até a profundidade de um metro. Instalação da torre com roldana, trepano de lavagem, sistema de circulação de água e montagem das hastes com amostrador padrão. Após estes procedimentos tem-se início o processo de sondagem a percussão com SPT.

Figura 12.3.2. Execução de sondagem com SPT. Fonte: IBRACON (2010).

Realizado o processo de cravação com contagens de golpes, é removida a coluna de perfuração e retirado o amostrador padrão. Esta peça possui espaço interno onde a amostra de solo encontra-se armazenada. Desenroscado da coluna o amostrador pode ser aberto permitindo a coleta de amostra e envio para laboratório.

Figura 12.3.3. Operador verificando profundidade de penetração do amostrador-padrão. Fonte: próprio autor.

Os metros iniciais podem ser realizados apenas com o processo percussivo. Entretanto, após o contato com o nível da água subterrânea o trabalho é feito associado com circulação de água ou lama de perfuração.

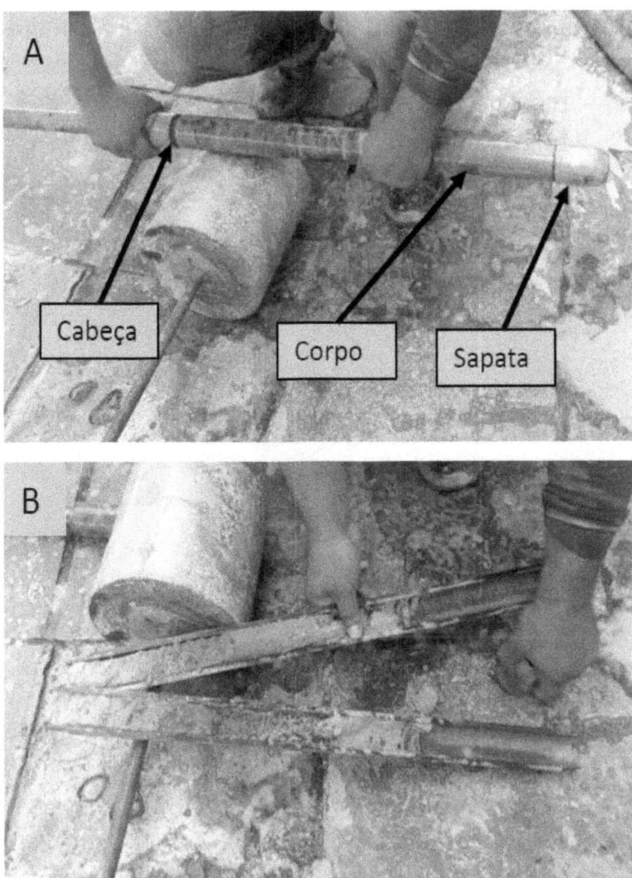

Figura 12.3.4. Retirada do amostrador-padrão. Fonte: próprio autor.

A determinação do nível da água pode ser feita com equipamento elétrico MDN. Para isto é descido no furo o sensor com cabo graduado. Ao tocar a água o equipamento aciona um sinal luminoso e sonoro indicando o contato. O operador registra em seguida a medida indicada no cabo graduado na borda do furo ao nível do solo. Em seguida é aguardado 5 minutos e refeita a medida. Repetindo o procedimento até 15 minutos após a primeira anotação. Este procedimento permite a identificação de níveis freáticos livres ou confinados.

Figura 12.3.5. Registro de nível da água subterrânea com medidor de nível MDN. Fonte: próprio autor.

A perfuração com circulação de fluidos é importante para estabilidade das paredes do furo e limpeza do fundo, transportando o material perfurado para a superfície. Estes fluidos de perfuração podem ser apenas circulação de água, ou lamas de perfuração, onde a mais comum é a lama de bentonita.

As amostras coletadas são armazenadas em sacos plásticos devidamente identificadas com:

a) designação ou número do trabalho;

b) local da obra;

c) número da sondagem;

d) número da amostra;

e) profundidade da amostra; e

f) números de golpes e respectivas penetrações do amostrador.

A sondagem é encerrada antes da profundidade projetada quando a técnica a percussão não apresentar avanços significativos como por exemplo: 50 golpes para avançar os 45 cm necessários repetindo-se por 5 metros perfurados. Ou com avanços inferiores a 50 mm em um intervalo de 10 minutos com circulação de água. Nestes casos, o restante da perfuração deve ser realizado com sondagem rotativa até alcançar a profundidade final determinada em projeto.

Os resultados de descrição geológica e resistência do solo permite a classificação de acordo com a tabela abaixo:

Tabela 12.3.1. Compacidade e consistência de solos por ensaio SPT.

Solo	**N_{SPT}**	**Designação**
Areias e siltes arenosos	≤ 4	Fofa (o)
	5 – 8	Pouco compacta
	9 – 18	Medianamente compacta
	19 – 40	Compacta
	> 40	Muito compacta
Argilas e siltes argilosos	≤ 2	Muito mole
	3 – 5	Mole
	6 – 10	Média
	11 – 19	Rija
	> 19	Dura

Exemplo 12.3.1: Em um ensaio de SPT durante a cravação da primeira sequência foram aplicados 3 golpes e o amostrador penetrou 17 cm no solo. Em seguida aplicou-se 4 golpes

obtendo 14 cm e 5 golpes obtendo 15 cm. Como podemos registrar estes dados e qual o número SPT obtido?

Resolução:

É importante observar que na prática não ocorre a penetração exata dos 45 cm, assim como as três sequências de 15 cm. Assim, registra-se o comprimento penetrado ao ultrapassar os 15 cm ou quando ficar muito próximo deste valor.

Desta forma a anotação correta do problema apresentado é:

3/17 - 4/14 - 5/15

O número SPT é a soma dos golpes para penetração das duas sequências finais:

$N_{SPT} = 4 + 5$

$N_{SPT} = 9$

Exemplo 12.3.2: Durante a cravação da coluna para ensaio SPT o solo apresentou resistência muito elevada, onde foram obtidos 20 e 21 golpes das duas primeiras sequências, e 30 golpes para a última sequência, sem avançar nesta última o comprimento de 7 cm. Qual a forma de registro destes dados e o procedimento para avançar na perfuração?

Resolução:

Deve ser registrado o número de golpes e o avanço obtido, como é apresentado abaixo.

20/15 - 21/15 - 30/7

O ensaio é interrompido e, se for necessário avançar, isto deve ser feito com sondagem rotativa.

Exemplo 12.3.3: Em um solo de baixa coesão, o primeiro golpe do martelo fez a cravação do amostrador ultrapassar os

45 cm, sendo registrado 58 cm. Qual a forma de anotação deste dado e o procedimento seguinte?

Resolução:

Deve ser registrado o golpe e a penetração obtida, finalizando este metro investigado e avançando para o seguinte.

Registro: 1/58

Exemplo 12.3.4: A sondagem de simples reconhecimento de solo com SPT em uma área para construção de um *shopping center* obteve os seguintes resultados apresentados na tabela 12.3.2. Pede-se a confecção do perfil geológico-geotécnico deste local para relatório de execução de sondagem utilizando o modelo apresentado na figura 12.3.6.

Tabela 12.3.2. Resultados de sondagem a percussão com SPT. Nível da água encontrado a 7,5 m de profundidade.

Prof. (m)	Número de golpes / penetração			Descrição
1	4 /15	5 / 15	4 / 15	Argila com areia média.
2	4 / 15	3 / 15	4 / 15	Argila com areia média.
3	5. /15	5 ./15	7 / 15	Argila com areia média.
4	8 / 15	7 / 15	8 / 15	Argila com areia média.
5	8 / 15	9 / 15	11 / 15	Areia com argila amarela
6	10 /15	12 ./15	14 / 15	Areia com argila amarela
7	12 / 15	13 / 15	15 / 15	Areia com argila amarela
8	14 / 15	15 / 15	17 / 15	Areia com argila amarela
9	16 / 15	16 / 15	15 / 15	Areia com argila amarela
10	17 / 15	16 / 15	18 / 15	Areia com argila amarela
11	17 / 15	18 / 15	17 / 15	Areia com argila amarela

12	18 / 15	19 / 15	20 / 15	Areia com argila acinzentada
13	22 / 15	24 / 15	21 / 15	Areia com argila acinzentada
14	23 / 15	25 / 15	26 / 15	Areia com argila acinzentada
15	15 / 15	15 / 15	19 / 15	Areia com argila acinzentada
16	22 / 15	21 / 15	25 / 15	Areia com argila acinzentada
17	19 / 15	20 / 15	20 / 15	Areia com argila acinzentada
18	23 / 15	23 / 15	22 / 15	Argila avermelhada com areia fina.
19	26 / 15	26 / 15	25 / 15	Argila avermelhada com areia fina.
20	27 / 15	28 / 15	27 / 15	Argila avermelhada com areia fina.
21	23 / 15	23 / 15	25 / 15	Argila avermelhada com areia fina.
22	27 / 15	26 / 15	28 / 15	Argila avermelhada com areia fina.
23	27 / 15	28 / 15	27 / 15	Argila avermelhada com areia fina.
24	23 / 15	23 / 15	25 / 15	Argila avermelhada com areia fina.
25	27 / 15	26 / 15	28 / 15	Argila avermelhada com areia fina.
26	26 / 15	28 / 15	28 / 15	Argila avermelhada com areia fina.
27	27 / 15	28 / 15	27 / 15	Argila avermelhada com areia fina.
28	27 / 15	26 / 15	28 / 15	Argila avermelhada com areia fina.
29	27 / 15	27 / 15	30 / 15	Argila avermelhada com areia fina.
30	27 / 15	25 / 15	29 / 15	Argila avermelhada com areia fina.

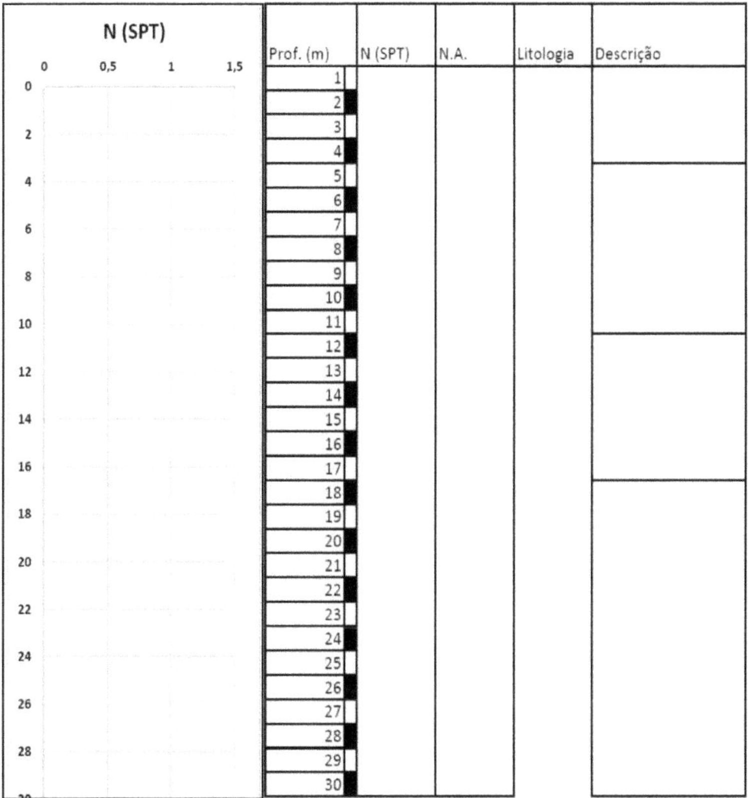

Figura 12.3.6. Modelo para confecção de perfil geológico-geotécnico. Fonte: próprio autor.

Resolução:

O número SPT é calculado com a soma dos golpes das duas últimas sequências de penetração de cada metro investigado. Assim, como é demonstrado abaixo para o cálculo do primeiro metro, repetindo-se o procedimento para as demais profundidades:

4 / 15 – 5 / 15 – 4 / 15

$N_{SPT} = 5 + 4 = 9$

Criando desta maneira a coluna do número SPT de acordo com a profundidade, identificação do nível da água, coluna litológica e o gráfico de acompanhamento (figura 12.3.7).

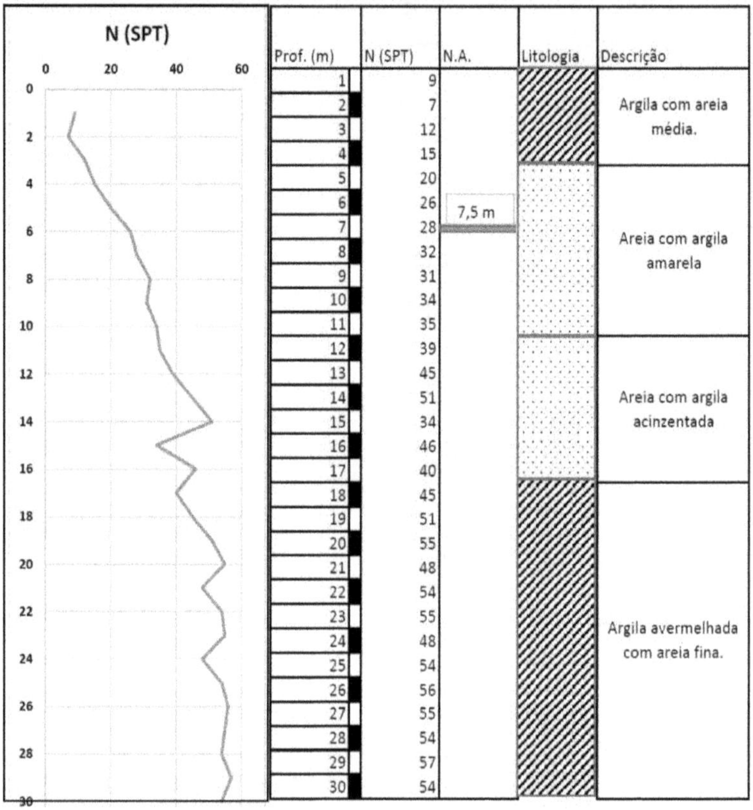

Figura 12.3.7. Perfil geológico-geotécnico após ensaio com SPT. Fonte: próprio autor.

12.4. Sondagem rotativa

Em situações onde a sondagem percussão não consegue atravessar solos muito resistentes ou rochas torna-se necessário o avanço da perfuração com sondagem rotativa. Um tipo de perfuração modificada com a utilização de brocas especializadas, colunas de perfuração, torre, motor e sistema de rotação, sistema de circulação, serviço de acompanhamento (logging) e testemunhagem.

12.4.1. Tipos de sondas

A investigação de solos e rochas para fins geotécnicos envolve sondas menores que aquelas usadas em sondagem de óleo e gás. Como por exemplo, as sondas acopladas a caminhões ou caminhões sondas, que podem se deslocar por vias de acesso terrestre até a área da obra. Quando necessário estes são transportados por carretas até o local de sondagem. Possuem um sistema de montagem e desmontagem que facilita e agiliza o serviço.

Nestes modelos de caminhões a torre e demais equipamentos de perfuração encontram-se acoplados ao veículo. O processo de sondagem é realizado através da localização do ponto a ser investigado, posicionamento da coluna de perfuração, inserção da coluna de perfuração e início da perfuração.

A perfuração é feita por rotação através do motor elétrico acoplado a coluna, acompanhado do sistema de circulação com lama de bentonita. Com o avanço da perfuração até o final da haste acoplada, aproximadamente 3 m, a perfuração é interrompida, inserida nova haste e reiniciada a perfuração. Repetindo este procedimento até a profundidade final.

Para que a perfuração avance é necessário a limpeza e estabilidade das paredes do furo. Assim é utilizada a lama, ou fluido de perfuração, composta por água misturada com vários aditivos, onde o mais comum é a bentonita. Um tipo de material fino composto por agilominerais. Esta mistura deve estar com os parâmetros reológicos adequados a sua finalidade na perfuração.

A lama é inserida no poço pelas bombas de circulação que promovem a entrada desta pela coluna, lavagem do fundo do poço e retorno para os tanques. A broca possui orifícios que permitem a saída da lama em jatos de alta pressão que, além da limpeza, facilitam a perfuração. Ao retornar para a superfície, os cascalhos e sedimentos provenientes da camada perfurada, são recolhidos para acompanhamento geológico.

Figura 12.4.1. Modelo de caminhão-sonda. Fonte: Dunster (2004).

Figura 12.4.2. Caminhão-sonda posicionado para início da perfuração. Fonte: Dunster (2004).

12.4.2. Brocas

As brocas possuem diversos formatos dependendo do tipo de solo ou rocha, sendo confeccionadas de partes móveis ou fixas. As de partes móveis são as denominadas tricônicas, enquanto as fixas são aquelas que fazem o trabalho de corte do solo a partir da rotação da coluna. Os materiais utilizados para aumentar o poder de corte são diamantes industriais, aço ou tungstênio.

As brocas tricônicas fazem o corte da rocha ou solo através do movimento dos cones onde encontram-se os dentes. Este movimento é impulsionado pela passagem em alta pressão da lama de perfuração. O movimento rotativo dos cones é auxiliado pelo impacto, peso da coluna de perfuração e dos jatos de lama que saem pelos orifícios presentes na frente da broca. O jato da lama arranca sedimentos incoesos da frente de perfuração, onde, em casos onde se perfura areias, a perfuração ocorre em grande parte pelo jato de lama antes do contato com os dentes da broca. A lama remove os cascalhos resultantes do corte e leva-os até a superfície para os tanques de retorno.

As brocas sem partes moveis fazem o trabalho de corte através do movimento rotativo da coluna de perfuração, e, também auxiliados pela lama de perfuração.

Solos e rochas arenosas são melhores perfurados por brocas tricônicas de dentes de aço, enquanto solos argilosos duros e rochas ígneas são cortadas, geralmente por brocas sem partes moveis. Em rochas argilosas como folhelhos, siltitos e argilitos são usadas brocas fixas, onde o corte ocorre por raspagem dos dentes sobre a rocha. Enquanto para rochas ígneas são usadas as brocas fixas diamantadas.

Nos trabalhos de sondagem para fins geotécnicos são usadas as brocas para testemunhagem ou *Coring Bits* (figura 12.4.4).

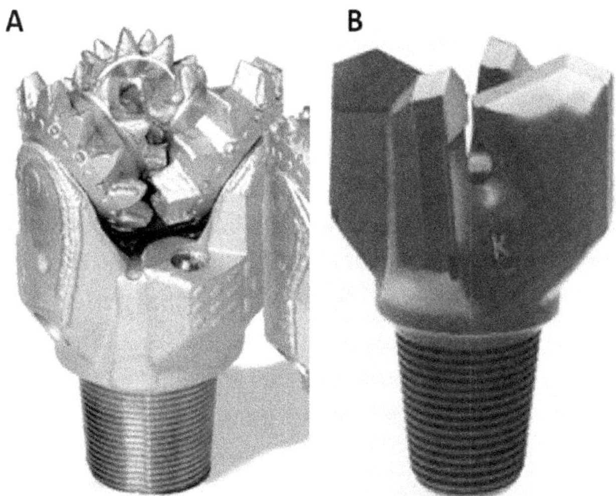

Figura 12.4.3. Tipos de brocas. A – broca tricônica com dentes de aço. B – broca sem partes móveis. Fonte: Dunster (2004).

Figura 12.4.4. Tipos de brocas para testemunho de sondagem. Fonte: Dunster (2004).

12.4.3. Testemunhagem (coring)

A testemunhagem é um método muito comum em sondagens rotativas para geotecnia e outras finalidades de investigação do solo para obras de engenharia civil. O testemunho de sondagem é uma amostra cilíndrica do solo ou rocha perfurada. Neste serviço as amostras ficam aprisionadas na parte interna da coluna de perfuração, dentro de um tubo denominado de barrilete. A broca de perfuração para testemunho (*coring bit*) possui uma abertura com diâmetro que varia de 27 mm a 150 mm que permite a entrada do material cortado. Enquanto o barrilete para acomodar as amostras varia de 3 m a 9 m de comprimento.

Figura 12.4.5. Barrilete com testemunhos de sondagem. Fonte: GeologyUpSkill (2021).

A retirada do barrilete ocorre por pescaria quando o mesmo é retirado por meio de cabo descido dentro da coluna de perfuração. Neste caso, a perfuração é interrompida, travada a coluna, descida de cabo com ferramenta de pescaria que se prende ao topo do barrilete, içamento e retirada da amostra. O outro método de retirada é feito com a parada da perfuração, içamento e desmontagem de toda coluna de perfuração, retirada do barrilete e remoção da amostra. Como a retirada do barrilete por pescaria é o meio mais rápido e prático, este é o método mais aplicado.

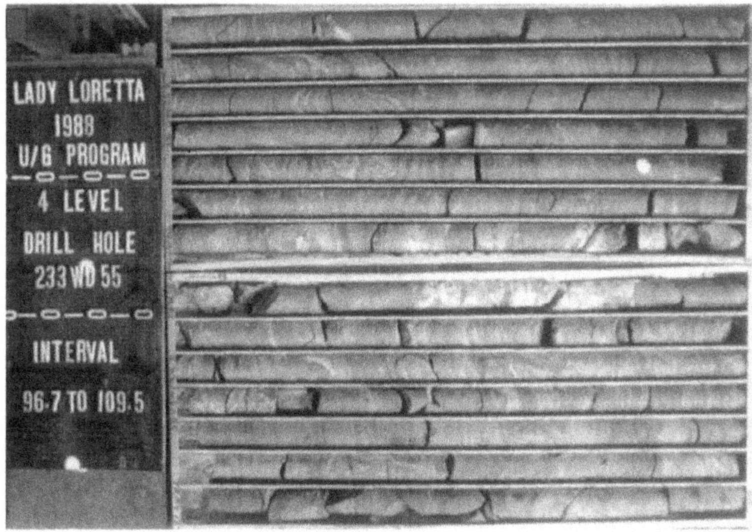

Figura 12.4.6. Caixas com testemunhos de sondagem. Fonte: Dunster (2004).

As amostras são acomodadas em caixas de madeira ou plásticas devidamente identificadas. Amostras incoesas ou despedaçadas são colocadas dentro de sacos plásticos e posicionadas corretamente nos intervalos dos testemunhos inteiros.

As caixas de testemunhos devem ser identificadas com relação ao topo e base, profundidades, número da caixa, código do furo, nome da empresa, projeto, etc.

12.4.4. Perfilagem (logging)

A sondagem, muitas vezes, para aumento da qualidade dos resultados e melhor interpretação, é acompanhada da perfilagem do trecho perfurado. Correspondendo a apresentação do perfil vertical da perfuração através de valores de ferramentas geofísicas.

Um serviço que consiste na descida de ferramentas dentro do intervalo perfurado conhecida como Perfilagem a Cabo (*Wireline Logging*), ou como sensores instalados na coluna de perfuração, o LWD (*Logging While Drilling*). Este último, sendo desenvolvido e bastante utilizado pelo setor petrolífero.

As ferramentas mais utilizadas em projetos de engenharia para construções e obras em geral são as de raios gama e elétricas. Estas, assim como as demais, fazem a leitura de solos e rochas durante a passagem pelos trechos na descida e subida da ferramenta. Outras ferramentas comuns disponíveis para este tipo de serviço, são Sônico, Densidade, Caliper e Dipmeter (figura 12.4.4.1).

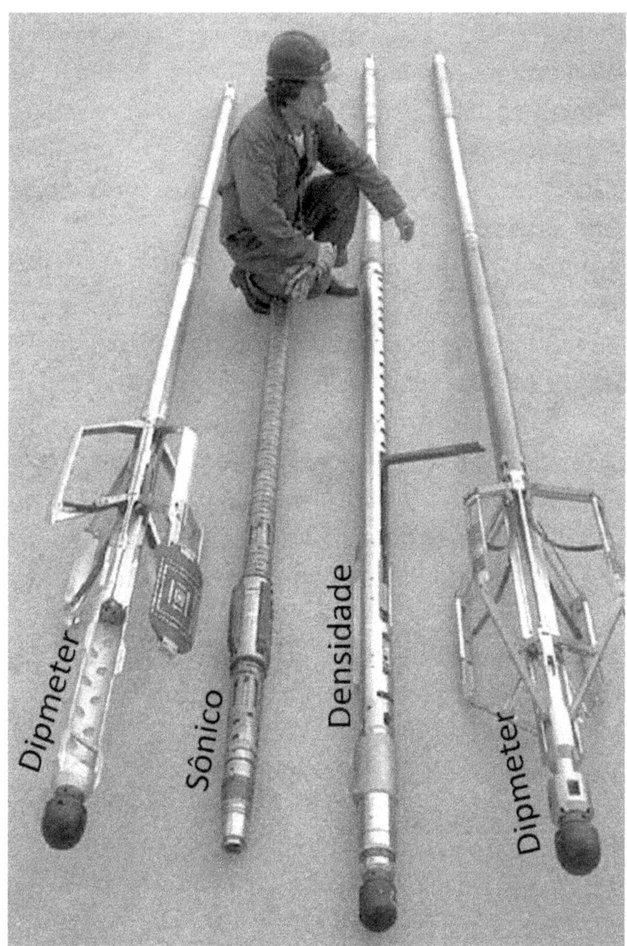

Figura 12.4.4.1 Exemplos de fermentas de perfilagem. Fonte: Ellis e Singer (2008).

O Sônico trabalha com ondas acústicas geradas pelo próprio equipamento e mede a velocidade de trânsito da onda através do material analisado. A ferramenta de Densidade produz resultados a partir da emissão de radiação gama proveniente da ferramenta e resposta do material em investigação. O Caliper mede as irregularidades da parede do furo, enquanto o Dipmeter apresenta as inclinações das camadas perfuradas.

Estes dados permitem, além da correlação com a litologia e tipo de solo perfurado, analisar a porosidade, conteúdo de areia e argila, e aspectos da água subterrânea.

A ferramenta de Raios Gama trabalha com um cintilômetro inserido que mede a radiação gama proveniente do material analisado. Em solos e rochas os componentes minerais emitem níveis de radiações variadas de acordo com sua composição mineral. Quando comparados, o material argiloso apresenta valores maiores de radiação que o arenoso. Salvo, em casos raros quando as areias contem altos teores de minerais radioativos. Esta resposta mais elevada nas argilas se devem a um maior teor de potássio quando comparado com areias (figura 12.4.4.2).

A ferramenta elétrica mais utilizada para sondagem para engenharia é a de resistividade, como já foi discutida no capítulo 12.1.3. Nestes perfis, a resistividade apresenta bons resultados para determinação do nível da água subterrânea, salinidade e dados que facilitar a interpretação sobre a porosidade.

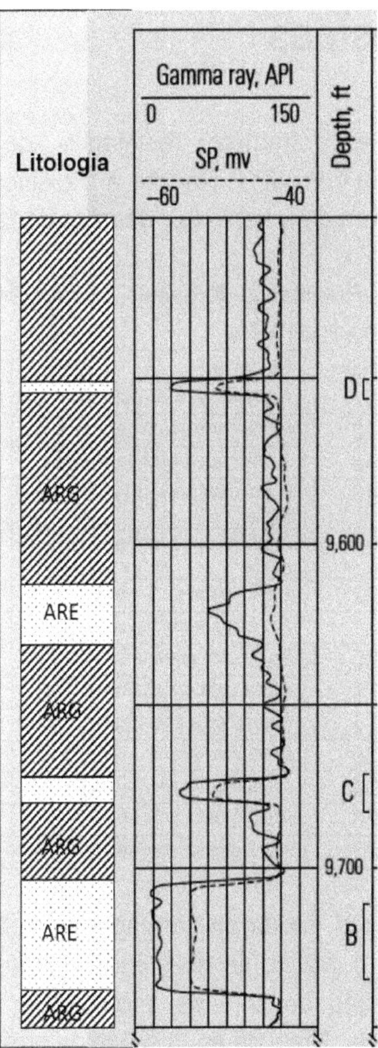

Figura 12.4.4.2. Exemplo de perfilagem com identificação de intervalos de maior conteúdo de areia (ARE) e argila (ARG). Fonte: Ellis e Singer (2008).

12.5. Questões

1. Abaixo encontram-se resultados de sondagem a percussão com SPT. Realize a classificação do solo de acordo com o número N_{SPT} descrito na tabela 12.3.1.

Tabela 12.5.1. Resultados de ensaio de resistência a penetração de solo. Nível da água a 7 m.

Prof. (m)	N_{SPT}	Material	Classificação
2	8	Argila amarelada com areia.	
3	10	Argila com areia fina.	
4	18	Argila com areia fina a média.	
5	13	Areia média avermelhada com argila.	
6	14	Areia média avermelhada com argila.	
7	22	Areia fina avermelhada.	
8	31	Areia fina a média cinza.	
9	25	Argila com areia fina cinza	
10	26	Argila com areia média cinza.	
11	21	Areia média com argila.	
12	30	Areia com argila.	
13	34	Areia média com seixo.	
14	38	Areia grossa com seixo.	
15	47	Areia grossa com seixo.	

2. A partir dos dados de sondagem apresentados abaixo construa o gráfico de resistência, complete a litologia e classificação do solo de acordo com a profundidade investigada. Nível da água a 5 m de profundidade.

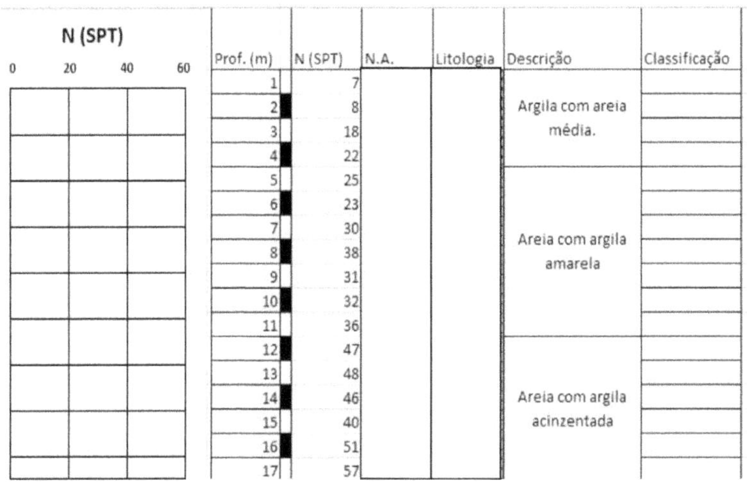

Figura 12.5.1. Modelo para perfil geológico-geotécnico. Fonte: próprio autor.

3. A tabela abaixo apresenta os resultados de um levantamento para medidas de resistividade de solo utilizando um terrômetro comum. Calcule a resistividade das profundidades investigadas e crie o gráfico vertical de resistividade.

Tabela 12.5.1. Dados de levantamento de resistividade de solo.

a (m)	R (Ω)	ρ_a (Ω.m)
1	180	
2	122	
4	58	
8	31	
16	18	
32	9	
64	6	

13. REFERÊNCIAS

AMRAN, T.S.T.; ISMAIL, M.P.; ISMAIL, M.A.; AMIN, M.S.M.; AHMAD, M.R. 2017. GPR application on construction foundation study. Materials Science and Engineering 271 (2017) 012089.

ASSOCIAÇÃO BRASILEIRA DE NORMAS TÉCNICAS, MB-3336: Solo – Ensaio de adensamento unidimensional - Método de ensaio, 1990.

ASSOCIAÇÃO BRASILEIRA DE NORMAS TÉCNICAS, NBR 7181/2016: Solo - Análise granulométrica - Método de ensaio, 2016

ASSOCIAÇÃO BRASILEIRA DE NORMAS TÉCNICAS, NBR 7182/2016: Ensaio de Compactação – Classificação, Rio de Janeiro, 2016.

ASSOCIAÇÃO BRASILEIRA DE NORMAS TÉCNICAS, NBR 9895/2016: Solo - Índice de suporte Califórnia (ISC) - Método de ensaio, 2016.

BARKER, RD. 1997. Electrical imaging and its application in engineering investigations. In: McCann, D.M., Eddleston, M., Fenning, P.I. & Reeves, G.M. (eds.), Modern Geophysics in Engineering Geology. Geological Society Engineering Geology Special Publication 12, 37-43.

BELANDI. C. Estado do Rio tem mais da metade do território com alto risco de deslizamentos. Disponível em: https://agenciadenoticias.ibge.gov.br/agencia-noticias/2012-agencia-de-noticias/noticias/26127-estado-do-rio-tem-mais-da-metade-do-territorio-com-alto-risco-de-deslizamentos. Publicado em: 29/11/2019. Acesso em: 06/04/2021.

BORGES, W.; LAGO, A.; FACHIN, S.; ELIS, V.; SANTOS, E. GPR Utilizado na Detecção da Geometria de Cavas Usadas para Disposição de Resíduos de Óleos Lubrificantes. Revista Brasileira de Geofísica, Vol. 24(4), 2006.

BRAXMEIER, H. Pixabay, 2015. Imagens. Disponível em: https://pixabay.com/pt/users/hans-2/ >. Acesso em: 09/04/2021.

BRITANICA. Carl Culmann. 2022. Disponível em: <https://www.britannica.com/biography/Carl-Culmann> Acesso em: 22/07/2022.

CAPUTO H.P., (1988). Mecânica de solos e suas aplicações – Fundamentos, v. 1, 6ta edição – Livros Técnicos e Científicos editora, Rio de Janeiro, Brasil.

CAVALCANTI, M.M.; BORGES, W.R.; STOLLBERG, R.; ROCHA, M.P.; CUNHA, L.S.; SEIMETZ, E.X.; NOGUEIRA, P.V.; SOUZA, F.R.F.R.O. Levantamento Geofísico (Eletrorresistividade) nos Limites do Aterro Controlado do Jokey Clube, Vila Estrutural, Brasília – DF. Geociências, v. 33, n. 2, p.298-313, 2014

CHRISTOFOLETTI, S. R.; MORENO, M. M. T.. Granulometria por difração a laser e sua relação com a faciologia das rochas argilosas da Formação Corumbataí-SP. Cerâmica, São Paulo , v. 63, n. 367, p. 303-310, Sept. 2017 . Available from <http://www.scielo.br/scielo.php?script=sci_arttext&pid=S0366-69132017000300303&lng=en&nrm=iso>. access on 18 Oct. 2020. http://dx.doi.org/10.1590/0366-69132017633672096.

COSTA, M.L. Aspectos Geológicos dos Lateritos da Amazônia. Revista Brasileira de Geociências. 21(2): 146-160, junho de 1991.

http://www.ppegeo.igc.usp.br/index.php/rbg/article/view/11750.

CRESTANI, G. Pixabay, 2016. Imagens. Disponível em: https://pixabay.com/pt/users/pcdazero-2615/?utm_source=link-attribution&utm_medium=referral&utm_campaign=image&utm_content=1648115 >. Acesso em: 09/04/2021.

DAS, B.M. Fundamentos de engenharia geotécnica. 7ª edição. São Paulo: Cengage Learning, 2011. 610 p.

DUNSTER, J.N. 2004. Drilling manual. Northern Territory Geological Survey, Record 2004-007.

ELE INTERNATIONAL. Leading materials test equipment. , c2020. Página inicial. Disponível em: <https://www.ele.com/Product/semi-automatic-cone-penetrometer-to-bs-1377-part-2>. Acesso em: 20 de out. de 2020

ELLIS, D.V.; SINGER, J.M. Well Logging for Earth Scientists. Second edition. Dordrecht, Netherlands. Springer. 2008.

ENGINEERING GEOLOGY LAB. c2020. Página inicial. Disponível em: <https://uet.edu.pk/faculties/facultiesinfo/geological/EngineeringGeologyLaboratory.html>. Acesso em: 22 de out. de 2020

GEOLOGYUPSKILL. How Diamond Drill Rigs Work. Youtube, 03/06/2021. Disponível em: < https://www.youtube.com/watch?v=VF3_TqN6AQA>.

GRIFFITHS, D. V. 1989. Computation of collapse loads in geomechanics by finite elements. Ing Arch 59, 237-244.

GRIFFITHS, D.V.; LANE, P.A. 1999. Slope stability analysis by finite elements. Geotechnique 49, No. 3, 387-403.

HINES, E.M. Discipline and play in structural design. Journal of the International Association for Shell and Spatial Structures. Vol. 61 (2020) No. 1 March n. 203.

HORBE, Adriana Maria Coimbra; COSTA, Marcondes Lima da. SOLOS GERADOS A PARTIR DO INTEMPERISMO DE CROSTAS LATERÍTICAS SÍLICO-FERRUGINOSAS. Acta Amaz., Manaus , v. 27, n. 4, p. 241-256, Dec. 1997 . Available from <http://www.scielo.br/scielo.php?script=sci_arttext&pid=S0044-59671997000400241&lng=en&nrm=iso>. access on 15 Oct. 2020. http://dx.doi.org/10.1590/1809-43921997274256.

HUGGETT, R.J. Fundamentals of Geomorphology. New York. Second Edition. Routledge, 2007.

IAHR. Wolmar Knut Axel Fellenius. 2020. Disponível em: <https://www.iahr.org/individual-member/user?member_no=83245> Acesso em: 22/07/2022.

IBRACON. Ponte Estaiada Sobre o Rio Negro. Disponível em: < http://www.ibracon.org.br/eventos/52cbc/HENRIQUE_DOMINGUES.pdf >. Acesso em: 13/07/2022

JACKY, J. "*The Coefficient of Earth Pressure at Rest*", *Journal of Society of Hungarian Architects and Engineers, v.7, p.355-358, 1944.*

KEAREY, P.; BROOKS, M.; HILL, I.; Geofísica de exploração. Tradução Maria Cristina Moreira Coelho. - São Paulo: Oficina de Textos, 2009.

LICIA RUBINSTEIN. Deslizamento. 2019. Fotografia. 640x400. Agência IBGE Notícias. Disponível em: https://agenciadenoticias.ibge.gov.br/agencia-noticias/2012-agencia-de-noticias/noticias/26127-estado-do-rio-tem-mais-da-metade-do-territorio-com-alto-risco-de-deslizamentos. Acesso em: 06/04/2021.

MACDONALD, G.A.; COX, D.C. Memorial to Chester Keeler Wentworth. The Geological Society of America. Disponível em: < https://www.geosociety.org/documents/gsa/memorials/v01/ Wentworth-CK.pdf >. Acesso em: 26/07/2022

MASSAD, F. Obras de Terra. Curso básico de geotecnia. São Paulo. Oficina de Textos, 2003. 170p.

MATULA, M.; DEARMAN, W.R.; RADBRUCH-HALL, D.H.; GOLODKOVSKAJA, G.A.; PAHL, A.; SANEJOUAND, R. Classification of Rocks and Soils for Engineering Geological Mapping: Part I: Rock and Soil Materials. Report of the Commission on Engineering Geological Mapping of the International Association of Engineering Geology. Bull. I.A.E.G. No. 19. 1979.

MAYNE, P.W.; KULHAWY, F.H. "*Ko – OCR Relationships in Soil*", *Journal of Geotechnical Division,* ASCE, v.108, n.6, p.851-872, 1982.

MORTON, A. C. & HALLSWORTH, C. R. 1999. Processes controlling the composition of heavy mineral assemblages in sandstones. Sedimentary Geology 124 (1999) 3–29.

NAGARAJ,T.; MURTY, B.R.S. *Prediction of Preconsolidation Pressure and Recompression Index of Soils*. Geotechnical Testing Journal, v. 8, n. 4,p. 199-202, 1985.

NICHOLS, G. Sedimentology and stratigraphy. 2nd. ed. Wiley-Blackwell, 2009. 432 p.

PEREIRA, A.J.; GAMBOA, L.A.P.; SILVA, M.A.M.; RODRIGUES, A.R.; COSTA, A. A utilização do Ground Penetrating Radar (GPR) em estudos de estratigrafia na praia de Itaipuaçú – Maricá (RJ). Revista Brasileira de Geofísica, Vol. 21 (2), 2003.

PETTIJOHN, F.J., POTTER, P.E. & SIEVER, R. 1987. Sand and Sandstone. Springer-Verlag, New York.

PINTO, Carlos de Sousa. Curso Básico de Mecânica dos Solos em 16 Aulas. 2ª ed. São Paulo: Oficina de Textos, 2002

PRESS, F.; SIEVER, R.; GROTZINGER, J.; JORDAN, T. H. Para entender a Terra. 4. ed. Porto Alegre: Bookman, 2006.

QUEIROZ, D.S.; LIMA, M.V.A.G.; ROJAS, J.W.J.; SOARES, J.E.P. Aplicação dos Métodos Sísmicos MASW e Tomografia de Refração para a Determinação das Propriedades Mecânicas do Solo: um estudo de caso no município de Caçapava do Sul/RS. In: VII Simpósio Brasileiro de Geofísica, Ouro Preto, 25 a 27 de outubro de 2016.

RANKINE, W.J.M. "*On Stability on Loose Earth*", *Philosophic Transactions of Royal Society*, Londres, Parte I, p. 9-27, 1857.

ROBSON BONIN. Nova Friburgo. 2011. Fotografia. 640x400. Disponível em: https://g1.globo.com/rj/regiao-serrana/noticia/2021/01/11/confira-imagens-marcantes-da-tragedia-de-2011-na-regiao-serrana-do-rj.ghtml . Acesso em: 10/04/2021.

ROCHA, Pedro. Caverna do Maroaga. 2020. Fotografia. 640x400. Disponível em: https://www.amazonasemais.com.br/amazonas/presidente-figueiredo/apa-caverna-do-maroaga-paraiso-das-grutas-e-cachoeiras-em-presidente-figueiredo/ . Acesso em: 04/04/2021.

ROCSCIENCE. 2022. Slope Stability. Slide2. Verification Manual. 361p.

RODRIGUES, L. Regiões Sudeste e Sul concentram áreas com risco de deslizamento. *Agencia Brasil*. Disponível em: https://agenciabrasil.ebc.com.br/geral/noticia/2019-11/regioes-sudeste-e-sul-concentram-areas-com-risco-de-

deslizamento#:~:text=Estudo%20%C3%A9%20do%20Instituto%20Brasileiro%20de%20Geografia%20e%20Estat%C3%ADstica&text=O%20Brasil%20tem%205%2C7,os%20dados%20s%C3%A3o%20bem%20discrepantes. Publicado em: 29/11/2019. Acesso em: 06/04/2021.

SILVA, P.J.M. Geologia, mineralogia e geoquímica de crostas manganesíferas, Bacia Alto Tapajós, Apuí – AM. 2009. Dissertação (Mestrado em Geociências) – Universidade Federal do Amazonas, Manaus, 2009.

SILVA, P.J.M.; SILVA, J.H.A. **Geologia de campo ao sul do Escudo das Guianas, município de Presidente Figueiredo, Amazonas**. Manaus: Universidade Federal do Amazonas, Departamento de Geociências, 2007. 55 p. Relatório da disciplina Geologia de Campo.

SMITH, I. M.; HOBBS, R. 1974. Finite element analysis of centrifuged and built-up slopes. Geotechnique 24, No. 4, 531-559.

SOLOTEST. Amostragem / Perfuração. Disponível em: < https://solotest.com.br/novo/upload/catalogo/A2.PDF>. Acesso em: 11/07/2022

TEIXEIRA, Wilson; FAIRCHILD, Thomas R.; TOLEDO, Maria Cristina Motta de; TAIOLI, Fabio. Decifrando a Terra. [S.l: s.n.], 2009.

TERRADAT. Electrical Resistivity Tomography (ERT). 2022. Disponível em: < https://www.terradat.co.uk/survey-methods/resistivity-tomography/ >. Acesso em: 08/07/2022.

THECONSTRUCTOR. Civil Engineering Home. c2020. Página inicial. Disponível em: <https://theconstructor.org/geotechnical/shear-strength-soil-direct-shear-test/3112/>. Acesso em: 22 de out. de 2020.

WHITMAN, R. V. & BAILEY, W. A. 1967. Use of computers for slope stability analysis. J. Soil Mech. Found. Div., ASCE 93, SM4, 475-498.

WIKIPEDIA CONTRIBUTORS. 14/02/2022. Karl Von Terzaghi. In Wikipedia, The Free Encyclopedia. Disponível em: https://en.wikipedia.org/w/index.php?title=Karl_von_Terzaghi&oldid=1071831650. Acesso em: 25/07/2022.

WIKIPEDIA CONTRIBUTORS. 3/11/2021. Albert Atterberg. In Wikipedia, The Free Encyclopedia. Disponível em: < https://en.wikipedia.org/w/index.php?title=Albert_Atterberg&oldid=1053404822>. Acesso em: 25/07/2022.

WIKIPEDIA CONTRIBUTORS. 30/04/2021. Arthur Casagrande. In Wikipedia, The Free Encyclopedia. Disponível em: https://en.wikipedia.org/w/index.php?title=Arthur_Casagrande&oldid=1020711821. Acesso em: 26/07/2022.

WIKIPEDIA CONTRIBUTORS. 13/12/2021. Henry Darcy. In Wikipedia, The Free Encyclopedia. Disponivel em: https://en.wikipedia.org/w/index.php?title=Henry_Darcy&oldid=1060104595. Acesso em: 26/07/2022.

YABLOKOV, A. A tragédia de Khait: um desastre natural no Tajiquistão. *Bio One*. Disponível em: https://bioone.org/journals/mountain-research-and-development/volume-21/issue-1/0276-4741(2000)021%5B0091%3ATTOKAN%5D2.0.CO%3B2/The-Tragedy-of-Khait-A-Natural-Disaster-in-Tajikistan/10.1659/0276-4741(2000)021[0091:TTOKAN]2.0.CO;2.full . Publicado em: 01/02/2001. Acesso em: 10/04/2021.

www.ingramcontent.com/pod-product-compliance
Ingram Content Group UK Ltd.
Pitfield, Milton Keynes, MK11 3LW, UK
UKHW021957190726
13853UKWH00004B/1587